U0234102

SHUDAN XITONG
KEKAOXING QIANGHUA FANGZHEN SHIYAN
YU YOUHUA YANJIU

输弹系统
可靠性强化仿真试验
与优化研究

崔凯波　金　朝　编著

北京理工大学出版社
BEIJING INSTITUTE OF TECHNOLOGY PRESS

图书在版编目（C I P）数据

输弹系统可靠性强化仿真试验与优化研究 / 崔凯波，
金朝编著. —— 北京：北京理工大学出版社，2022.1
ISBN 978 - 7 - 5763 - 0885 - 3

Ⅰ. ①输… Ⅱ. ①崔… ②金… Ⅲ. ①自动装填机构
– 系统仿真 – 可靠性试验 Ⅳ. ①TJ03

中国版本图书馆 CIP 数据核字（2022）第 013091 号

出版发行 / 北京理工大学出版社有限责任公司
社　　址 / 北京市海淀区中关村南大街 5 号
邮　　编 / 100081
电　　话 / (010) 68914775（总编室）
　　　　　(010) 82562903（教材售后服务热线）
　　　　　(010) 68944723（其他图书服务热线）
网　　址 / http：//www.bitpress.com.cn
经　　销 / 全国各地新华书店
印　　刷 / 保定市中画美凯印刷有限公司
开　　本 / 710 毫米 × 1000 毫米　1/16
印　　张 / 16　　　　　　　　　　　　　　责任编辑 / 徐　宁
字　　数 / 223 千字　　　　　　　　　　　　文案编辑 / 徐　宁
版　　次 / 2022 年 1 月第 1 版　2022 年 1 月第 1 次印刷　责任校对 / 周瑞红
定　　价 / 126.00 元　　　　　　　　　　　责任印制 / 李志强

编 委 会

主　编　崔凯波　金　朝
副主编　薛文星　狄长春　黄丹丹　李　伟
参　编　李贺佳　孙也尊　李超旺　贾　波

前　　言

随着我军火炮口径越来越大，严酷的战争条件使得大口径火炮的爆发射速和持续射速成为火炮的重要战技指标。装填自动化作为提高火炮射速指标的重要途径，是大口径自行火炮武器系统发展的关键技术之一，也是世界各国竞相研究和发展的重点。可靠性直接反映了系统的质量指标，关系到系统的整个运转过程。

因此，加强输弹系统可靠性和优化设计方面的研究工作具有重要的现实意义。我们在国内外相关研究的基础上，结合自身的研究与工作经验，编著了本书。本书以某大口径自行火炮输弹系统为研究对象，以故障分析、多体系统动力学、机械系统动力学仿真、液压系统仿真、虚拟样机技术、可靠性强化试验以及结构参数优化等知识和技术为载体，开展了可靠性强化试验仿真及结构参数优化研究，较为系统地为广大读者呈现了一种集机电液一体化的典型复杂系统的分析和研究方法。

全书共分为 8 章，主要内容和基本逻辑如下：第 1 章，绪论。明确了研究的背景及目的，介绍了火炮自动装填技术、复杂系统虚拟样机仿真技术、优化技术以及可靠性强化试验技术的研究进展。第 2 章，输弹系统故障分析。为摸清输弹系统常见的故障模式，开展了输弹系统结构组成和工作原理分析，建立了输弹系统的故障树，并对故障树进行了定性分析；运用模糊多属性决策的方法进行了输弹系统的故障模式危害度决策分析，找出了输弹系统的关重件，从而明确了后续的研究重点。第 3 章，输弹系统仿真平台开发。以输弹系统为研究对象，以建立能逼真反映其动力学特性的虚拟样机模型为目的，针对目前机电液耦合仿真中存在的问题，提出了适合于大型复杂系统耦合仿真的协同仿真方案，运用 Pro/E 建立输弹系统三维实体模型，然后转换到 ADAMS 下，在分析输弹系统的拓扑关系的基础上建立了多体系统动力学模型；运用 EASY5 建立输弹系统液压控制模型，通过 ADAMS/Controls 模块实现了动力学模型和液压模型的联合建模，建立起输弹系统的虚拟样机模型，并从定性和定量两个方面校核了虚拟样机的可信度。通过仿真分析，证实了所建立的虚拟样机能够较好地解决机电液耦合、多碰撞变拓扑等建模难点，仿真结果较为真实地反映了系统的状态，得到了系统的动力学参数，为开展输弹系统故障规律研究、可靠性强化试验研究和参数优化研究奠定了基础。第 4 章，输弹系统仿真分析。以多体系统动力学为基础，分析了多接触问题，针对 ADAMS 软件处理多接触碰撞不理想的情况，运用 ADAMS 分段仿真法，编写相应的仿真脚本，解决了接触力突然消失的问题，获取了多接触条件下的碰撞力；基于联合仿真获得了系统的动态响应，得出了输弹系统的动态特性和运动规律。第 5 章，基于虚拟样机的故障仿真方法及应用研究。针对基于实物样机的故障研究的诸多不足，提出了基于虚拟样机的故障注入仿真方法。概括了虚拟样机故障仿真的框架和流程，提出了基于虚拟样机的故障仿真方法手段的三大关键支撑技术，分析了故障注入常用的五种方法。将虚拟样机故障仿真方法应用于某大口径自行火炮输弹系统。对故障仿真的研究结果进行了分析，发现此种故障研究方法可行并且具有很强的实用价值，为故障分析、故障特征的快速提取提供了新的方法。第6章，输弹系统强化试验方案设计。以输弹系统为研究对象，重点从机械系统可靠性强化试验理论与技术方面进行探索，拟定了输弹系统可靠性强化试验方案；以试验方案为依据，提出了输弹系统可靠性强化试验装置的功能要求，进行了试验总体方案设计，对输弹系统可靠性强化试验的具体开展提供了有益参考。第7章，输弹系统可靠性强化试验仿真。基于输弹系统虚拟样机仿真平台，围绕输弹机关重件的疲劳失效和磨损失效开展强化试验仿真。针对可靠性强化试验的基本要求和虚拟样机仿真的特点，提出了强化试验仿真指导原则；通过失效机理和失效过程分析，分别建立了疲劳及磨损强化系数计算模型；针对典型的疲劳和磨损失效关重件，开展了可靠性强化试验仿真研究，并对强化试验效果进行了具体分析。结果表明，针对输弹系统的可靠性强化试验方法和试验方案合理、可行，为输弹系统可靠性强化试验装置研发以及输弹系统可靠性强化试验的具体开展提供理论和技术参考。第8章，输弹系统结构参数优化研究。通过输弹系统虚拟样机仿真，结合相对灵敏度方法，解决了结构参数不同量纲无法比较其对输弹性能指标影响显著性的问题；针对仿真运算量大的问题，运用正交方法设计了仿真试验。通过仿真计算，得到输弹性能指标值，获得待优化设计参数与输弹机性能指标样本对，并运用人工神经网络方法进行了学习和训练，研究了结构参数与性能指标的非线性映射关系；引入遗传算法优化计算，获得了使输弹系统工作性能最优的结构参数。

　　本书按照"清晰简练阐述科学原理、系统细致普及知识信息、贴近实际结合装备应用"的总体思路来编写。在内容上不求大而全，但求达到以点带面和举一反三的效果，从而解决工程实际需求问题。本书可以作为从事武器系统设计研制、可靠性分析的相关科研人员、工程技术人员和高校相关专业研究生的参考书。

在本书编写过程中，参考了国内外大量的书籍和资料，在此我们特别对相关参考文献资料的作者表示衷心感谢。由于编者知识水平有限，尽管倾注了极大的精力和努力，但书中难免存在不妥之处，敬请读者批评指正，从而使本书在使用过程中得到不断完善。

编著者
2021 年 7 月于石家庄

目　　录

第1章　绪论 …………………………………………………………………… 1

1.1　火炮自动装填技术 ………………………………………………………… 4

　1.1.1　大口径火炮自动装填系统概况 …………………………………… 4

　1.1.2　国内自动装填技术研究概述 ……………………………………… 6

1.2　复杂系统虚拟样机仿真 …………………………………………………… 9

　1.2.1　多体系统动力学的发展 …………………………………………… 10

　1.2.2　机械系统动力学仿真技术的发展 ………………………………… 12

　1.2.3　液压系统仿真技术的发展概述 …………………………………… 14

1.3　可靠性强化试验 …………………………………………………………… 16

　1.3.1　可靠性强化试验的概念 …………………………………………… 16

　1.3.2　国内外研究与应用现状 …………………………………………… 17

1.4　故障分析技术研究综述 …………………………………………………… 20

1.5 虚拟样机技术研究及应用现状 ……………………………… 22

1.6 优化设计技术研究现状 ……………………………………… 24

第2章 输弹系统故障分析 ……………………………………… 27

2.1 输弹系统的组成及工作原理 ………………………………… 28

    2.1.1 协调器 …………………………………………………… 29

    2.1.2 防护舱 …………………………………………………… 30

    2.1.3 输弹机 …………………………………………………… 31

2.2 输弹系统故障树的建立与定性分析 ………………………… 33

    2.2.1 故障树的建立 …………………………………………… 33

    2.2.2 故障树定性分析 ………………………………………… 36

2.3 模糊多属性决策基本模型及方法 …………………………… 36

    2.3.1 模糊多属性决策的基本模型 …………………………… 37

    2.3.2 模糊多属性决策方法研究 ……………………………… 38

2.4 输弹系统故障模式危害度分析 ……………………………… 40

    2.4.1 决策过程分析 …………………………………………… 41

    2.4.2 决策属性及其权重的确定 ……………………………… 42

    2.4.3 危害度决策分析 ………………………………………… 45

    2.4.4 关重件的确定 …………………………………………… 51

2.5 本章小结 ……………………………………………………… 53

第3章 输弹系统仿真平台开发 ………………………………… 55

3.1 复杂系统协同仿真 …………………………………………… 56

    3.1.1 协同仿真方法 …………………………………………… 56

    3.1.2 协同建模方案 …………………………………………… 57

    3.1.3 协同求解方案 …………………………………………… 57

3.2 输弹系统三维实体建模 ……………………………………… 58

    3.2.1 建模分析 ………………………………………………… 59

    3.2.2 Pro/E 软件简介 ………………………………………… 60

3.2.3　输弹系统模型建立 ………………………………… 60

3.3　输弹系统多体动力学模型 …………………………… 64

3.3.1　ADAMS 软件简介 ………………………………… 64

3.3.2　虚拟样机参数分析 ………………………………… 65

3.3.3　Pro/E 模型和 ADAMS 模型转换 ………………… 67

3.3.4　拓扑关系定义 ……………………………………… 68

3.3.5　小平衡机力模型 …………………………………… 74

3.3.6　电磁失电制动器模型 ……………………………… 75

3.3.7　往复推送式输弹链模型 …………………………… 76

3.3.8　碰撞模型 …………………………………………… 77

3.3.9　摩擦力模型 ………………………………………… 79

3.3.10　弹簧阻尼器力学模型 …………………………… 79

3.4　控制子系统建模 ………………………………………… 80

3.4.1　PID 控制器建模 …………………………………… 80

3.4.2　电枢控制式直流电机模型 ………………………… 81

3.4.3　传感器及行程开关模型 …………………………… 82

3.5　液压子系统建模 ………………………………………… 83

3.5.1　MSC.EASY5 软件简介 …………………………… 83

3.5.2　机电液系统参数耦合关系 ………………………… 84

3.5.3　液压系统工作循环 ………………………………… 86

3.5.4　油源电机动力学模型 ……………………………… 87

3.5.5　降压启动盒模型 …………………………………… 88

3.5.6　液压系统的建立 …………………………………… 88

3.6　联合建模与验证 ………………………………………… 91

3.6.1　联合建模 …………………………………………… 92

3.6.2　VV&A …………………………………………… 93

3.7　本章小结 ………………………………………………… 100

第4章 输弹系统仿真分析 ⋯⋯⋯⋯⋯⋯⋯⋯⋯⋯⋯⋯ 101

4.1 输弹系统多接触的实现 ⋯⋯⋯⋯⋯⋯⋯⋯⋯ 102

4.1.1 ADAMS 中的接触碰撞模型 ⋯⋯⋯⋯⋯⋯ 102

4.1.2 输弹系统多接触分析的实现 ⋯⋯⋯⋯⋯ 104

4.2 输弹系统仿真分析 ⋯⋯⋯⋯⋯⋯⋯⋯⋯⋯⋯ 108

4.2.1 协调过程仿真分析 ⋯⋯⋯⋯⋯⋯⋯⋯⋯ 108

4.2.2 输弹过程仿真分析 ⋯⋯⋯⋯⋯⋯⋯⋯⋯ 111

4.2.3 输药过程仿真分析 ⋯⋯⋯⋯⋯⋯⋯⋯⋯ 112

4.2.4 影响仿真精度的因素分析 ⋯⋯⋯⋯⋯⋯ 114

4.3 本章小结 ⋯⋯⋯⋯⋯⋯⋯⋯⋯⋯⋯⋯⋯⋯⋯ 114

第5章 基于虚拟样机的故障仿真方法及应用研究 ⋯⋯⋯ 115

5.1 虚拟样机故障仿真的过程及功能 ⋯⋯⋯⋯⋯ 116

5.1.1 虚拟样机故障仿真的过程 ⋯⋯⋯⋯⋯⋯ 116

5.1.2 虚拟样机故障仿真的功能 ⋯⋯⋯⋯⋯⋯ 116

5.2 虚拟样机故障仿真关键支撑技术 ⋯⋯⋯⋯⋯ 118

5.2.1 虚拟样机技术 ⋯⋯⋯⋯⋯⋯⋯⋯⋯⋯⋯ 118

5.2.2 故障注入技术 ⋯⋯⋯⋯⋯⋯⋯⋯⋯⋯⋯ 119

5.2.3 VV&A 方法 ⋯⋯⋯⋯⋯⋯⋯⋯⋯⋯⋯⋯ 121

5.3 输弹系统故障模型建立 ⋯⋯⋯⋯⋯⋯⋯⋯⋯ 124

5.3.1 机械系统故障仿真模型 ⋯⋯⋯⋯⋯⋯⋯ 124

5.3.2 电控系统故障仿真模型 ⋯⋯⋯⋯⋯⋯⋯ 126

5.3.3 液压系统故障仿真模型 ⋯⋯⋯⋯⋯⋯⋯ 128

5.4 输弹系统故障仿真分析 ⋯⋯⋯⋯⋯⋯⋯⋯⋯ 131

5.4.1 弹性减弱故障仿真 ⋯⋯⋯⋯⋯⋯⋯⋯⋯ 131

5.4.2 典型磨损故障仿真 ⋯⋯⋯⋯⋯⋯⋯⋯⋯ 134

5.4.3 电控系统故障仿真 ⋯⋯⋯⋯⋯⋯⋯⋯⋯ 139

5.4.4 液压系统故障仿真 ⋯⋯⋯⋯⋯⋯⋯⋯⋯ 144

5.5　基于故障仿真诊断方法的探讨 ……………………………… 151

5.6　本章小结 ……………………………………………………… 152

第6章　输弹系统强化试验方案设计 …………………………… 155

6.1　可靠性强化试验方案 ………………………………………… 156

6.1.1　强化试验方法 …………………………………………… 156

6.1.2　强化试验流程 …………………………………………… 158

6.1.3　强化试验方案 …………………………………………… 162

6.2　试验装置功能要求 …………………………………………… 163

6.3　试验装置组成及工作 ………………………………………… 164

6.3.1　基本组成 ………………………………………………… 164

6.3.2　基本工作 ………………………………………………… 166

6.4　本章小结 ……………………………………………………… 169

第7章　输弹系统可靠性强化试验仿真 ………………………… 171

7.1　强化试验仿真指导原则 ……………………………………… 171

7.2　疲劳强化试验机理研究 ……………………………………… 172

7.2.1　疲劳损伤特征机理 ……………………………………… 173

7.2.2　疲劳寿命预测方法 ……………………………………… 174

7.2.3　可强化性分析 …………………………………………… 175

7.2.4　强化系数推导 …………………………………………… 176

7.3　输弹系统关重件疲劳强化试验仿真 ………………………… 177

7.3.1　疲劳寿命仿真计算方法 ………………………………… 177

7.3.2　应力分布的计算方法 …………………………………… 179

7.3.3　外链板疲劳强化试验仿真 ……………………………… 181

7.3.4　推壳机构挂钩强化试验仿真 …………………………… 190

7.4　磨损强化试验机理研究 ……………………………………… 195

7.4.1　磨损的特征和机理 ……………………………………… 195

7.4.2　可强化性分析 …………………………………………… 197

7.4.3 强化系数推导 ················· 198

7.5 外链板磨损强化试验仿真 ················· 200

7.5.1 强化应力的施加 ················· 200

7.5.2 强化试验仿真 ················· 201

7.5.3 仿真结果分析 ················· 204

7.6 本章小结 ················· 205

第8章 输弹系统结构参数优化研究 ················· 207

8.1 输弹系统结构参数优化方法 ················· 207

8.1.1 优化步骤 ················· 208

8.1.2 灵敏度分析 ················· 209

8.1.3 优化设计方法 ················· 211

8.2 优化参数选取和目标函数确定 ················· 212

8.2.1 优化参数的选取 ················· 212

8.2.2 目标函数的确定 ················· 214

8.3 基于正交设计法建立样本库 ················· 218

8.4 人工神经网络学习和训练 ················· 222

8.4.1 人工神经网络理论方法 ················· 222

8.4.2 映射关系求解 ················· 223

8.5 输弹系统优化 ················· 225

8.5.1 遗传算法 ················· 225

8.5.2 设计方案优化与验证 ················· 226

8.5.3 优化结果分析 ················· 228

8.6 本章小结 ················· 228

参考文献 ················· 229

第 **1** 章
绪　论

　　未来战争，将是多兵种协同作战的高强度、高消耗的局部战争，它是全方位、立体化、大纵深、多元化和快速度的体系对抗。地面战场仍是主战场，局部战争仍使用常规武器，火炮仍然是陆军的主要火力。自行火炮是我军地面炮兵现役的主战装备，它不但具有独立作战能力，而且具有机动性强、火力猛、生存力强的独特优势，在信息化、机械化的战场环境中发挥着越来越重要的作用。

　　自动输弹系统是自行火炮的关键子系统之一，其性能的好坏将直接影响火炮的总体性能，如威力、自身的生存能力和作战机动性等。采用自动装填系统是提高火炮打击效能的有效途径之一，作为一个功能既独立又与武器系统总体性能相协调的部分，其功能的正常发挥与否将直接影响武器系统总体的战斗力。随着我军火炮口径越来越大，严酷的战争条件使得大口径火炮的爆发射速和持续射速成为火炮的重要战技指标。装填自动化作为提高火炮射速指标的重要途径，是大口径自行火炮武器系统发展的关键技术之一，也是世界各国竞相研究和发展的重点。而可靠性直接反映了系统的质量指标，关系到系统的整个运转过程。一个系统，无论其设计思想如何先进、性能指标如何优越，如果不能保证其安全可靠地运转，实际上就失去了使用价值。可靠性已经成为与性能同等重要的技术指标，对武器装备的作战能力和使用保障等都具有重要影响[1]。

自动输弹系统是弹药装填自动化的重要保证。但是，我国在自行火炮研制方面起步较晚，在理论设计和生产研制方面没有深厚的技术储备，先进的产品设计技术和试验手段在大口径火炮研制应用方面仍显不足。大口径自行火炮要在严酷恶劣的自然环境和实际作战中工作，有许多因素会引起自动装填系统性能变化，诱发诸多故障，从而影响火炮装备的射速指标和作战效能，直接导致自动装填系统存在可靠性水平偏低等问题，这已经成为困扰研制人员、使用人员及维修人员的一大难题。

为使武器装备提高固有可靠性和形成战斗力，保证武器装备的战备完好性和完成任务的可靠性，就必须进行可靠性试验，以发现系统潜在的缺陷，进而查明故障原因和故障机理，探索故障的发生及发展规律，并在此基础上进行结构参数的优化设计（Optimal Design），从而逐步提高装备可靠性。但是由于新装备列装时间较短，很多技术参数和故障参数统计不充分、记录不完善，并且进行传统的可靠性试验需要耗费大量的资金和人力，存在试验周期长、缺陷残留多等问题。所以，对于自行火炮自动装填系统，亟待寻找一种能在较短时间内，以较低的成本激发系统潜在缺陷的可靠性试验方法。

在这种背景下，我军将可靠性强化试验（Reliability Enhancement Testing，RET）技术应用到武器装备中来。可靠性强化试验是一类激发试验，采用强化应力环境快速激发产品的潜在缺陷，加速产品失效进程，使其以故障的形式表现出来，通过故障原因分析、失效模式分析和改进措施消除缺陷，以达到缩短试验时间、快速评价系统可靠性水平和提高系统可靠性的目的。可靠性强化试验技术在国外得到了广泛应用,从 20 世纪 90 年代开始,国内部分科研单位对可靠性强化试验技术进行了跟踪研究,先后引进或研制了相应的可靠性强化试验设备[2]。但总体而言,国内在可靠性强化试验研究方面尚处于起步阶段,相关理论技术和设备研制还不够成熟[3]。

输弹系统不仅涉及机电液控系统间的耦合,而且具有刚体数目大、自由度多、多碰撞变拓扑等结构特点,从国内开展可靠性强化试验的研究现状和试验动态来看,由于受到强化试验技术和试验设备等因素的限制,现阶段还不具备对自动装填系统实施可靠性强化试验的条件。

随着计算机技术的发展以及建模手段和仿真水平的提高,虚拟样机(Virtual Prototyping,VP)技术蓬勃发展并在各领域广泛应用,为复杂系统性能分析、故障研究、评估和优化提供了新的手段[3]。工程研究人员利用虚拟样机技术可以对复杂系统建立虚拟样机,模拟其在真实环境下的工作过程,进而对系统的整体动态特性进行分析,从而掌握系统的真实动力学参数,查明故障原因、故障机理,探索其故障发生、发展的规律,并在此基础上开展评估和优化研究。目前,仿真技术已经成功应用于武器装备系统研制和开发的全过程,其可信度也越来越高,并取得了可喜的成绩。为此,虚拟试验已成为可靠性试验技术发展的一个重要领域。由于可靠性虚拟试验不强调人的沉浸感,而侧重于可靠性特征的数值仿真计算,可靠性虚拟试验可以理解为基于软件仿真的虚拟试验。将目前新兴的虚拟试验方法引入可靠性强化试验技术中,在二者有机结合的基础上研究自动输弹系统的虚拟样机和可靠性强化仿真试验技术,是一种科学、合理、可行的可靠性试验方法。

因此,本书旨在以建立输弹系统虚拟样机为基础,开展基于仿真的可靠性强化试验和故障分析,从而对输弹系统的性能进行评估和优化,为现役火炮输弹系统的使用和改进提供科学依据和理论参考;为火炮系统可靠性试验技术的发展和自动装填系统可靠性试验设备的研制提供理论支撑与技术支撑，为火炮系统的故障研究和结构参数优化提供有益参考，具有显著的军事意义和经济效益。

1.1　火炮自动装填技术

1.1.1　大口径火炮自动装填系统概况

自动装填系统的自动化水平已经成为衡量大口径自行火炮先进程度的一个重要标志。20 世纪 50 年代以前，大口径火炮基本上采用人工装填弹药，射速很低，且只能在小角度装填，严重限制了火炮的性能。进入 20 世纪 60 年代，各国都在研制和装备新一代火炮，代表性的产品是美 M109 式 155 mm 自行榴弹炮，采用了功能较为单一的输弹机，弹丸的装填实现了半自动化，在有限的射角范围最大射速达到了 3 发/min，车外供弹机能够达到 8 发/min 的持续供弹速度。20 世纪 70 年代后期，自行火炮弹药装填系统基本实现了半自动化或自动化[4]。如英国 AS90 的半自动装填系统，采用模块装药，动力弹仓单元将所需弹丸移动到装填手准备拾取的位置，由装填手将弹丸放到传送臂上并转到输弹盘，输弹盘将弹丸送到炮尾，再由输弹器推弹入膛。最高射速可达 8.4 s 内 3 发，18 发用时小于 2 min，1 h 120 发持续射击[5]。实现了自动选弹，弹丸装填仍需要人的参与才能完成，但是其显著特点是模块化装药，这项技术仍是我国目前亟待解决的一个难题。

1980 年装备部队的法国 AUF1 式 155 mm 自行榴弹炮采用自动供输弹系统，实现了弹药的全自动装填，其最大射速达到 8 发/min。AUF2 采用了模块化装药系统，该系统的弹药处理系统采用固定模式操作，由搬运器从药仓的药块存储架上抓起 6 块模块药传送到一块斜板上并由此滚进中间盘内，在中间盘内由转臂控制将规定数目的药块拨到传送器上[4,6]。

俄罗斯的 2C19（西方称 2S19）式 152 mm 自行榴弹炮于 1988 年装备部队，该炮采用一个活动的装弹盘，可使火炮在任意射角下以最高射速射击。该系统有自动选择弹种的功能，可以自动装填弹丸，发射药由半自动装填机装填，空药筒自动退出，最大发射速度为 8 发/min。不采用模块化装药，一是增加了抽筒动作时间，二是增加了抽筒机构，而抽筒机构往往又是故障易发机构，这样会引起系统可靠度的降低。

1996 年开始列装的德国 PzH2000，携有 60 发弹丸和 67 套发射装药，采用全自动装填系统。该系统由弹药自动装填系统和底火自动装填系统组成，采用电气操作。弹药自动装填系统由输弹导轨、带推弹器的弹仓、传送臂、气动输弹机等组成，可在 2.5°～65°射角范围内进行弹药装填，并可以在输弹过程中自动装定电子引信。炮尾采用滑块式，集成了自动底火装定，采用纯手工装填发射药，可以实现 10 发/min 或 20 发/3 min 的理想发射速率，达到在 51 min 30 s 内发射 120 发弹丸的持续发射速度。这是一种比较成功的设计，射速等均达到较为理想的水平，但是还需要乘员与弹药直接接触。

美国"十字军战士"，能实现多达 190 发全备弹的连续自动装填，而且最高射速超过 12 发/min，也可实现"多发同时弹着"（Multiple Round Simultaneous Impact）的发射程序。其无须乘员与弹药发生直接接触，携弹量达 60 发，对应着近 300 个发射药模块，弹丸和模块装药有各自的传送装置，可以将弹药分别送入炮膛。它采用的自动弹药管理系统是世界上同口径火炮自动装填中效率最高的。

国内某型自行加榴炮采用了半自动输弹机——以液压缸为动力的链式推送式输弹机，药筒需要人工装填。外贸 155 mm 自行榴弹炮采用的是半自动装填系统，其炮尾环滑楔式炮闩的尾部连接半自动进弹机，附有液压驱动的进弹杆，火炮在任意俯仰角均可配合操作，不必改变火炮射向。装弹程序自弹仓将待发射弹丸自动输送至进弹机旁，再拨至进弹机导槽内，装填手按下拉杆，进弹机便升起迎合火炮轴线，将炮弹推入炮膛，药包需要人工装填，射速只能达到 4 发/min 到 5 发/min，持续射速只有 2 发/min。

新列装的自行加榴炮采用的自动供输弹系统代表了我国目前大口径自行火炮供输弹系统的最新水平，能够实现全自动供输弹、半自动输药。从液压式半自动输弹机到自动供输弹系统，实现了从单一的半自动输弹机到供输弹的自动化，迈出了很大的一步，但自动化程度还不是很高，没有实现模块化装药，烦琐的抽筒、排筒增加了机构的复杂程度，降低了系统可靠度；底火和引信装定仍需人工完成。国外在研制同类型火炮时大都采用已有的成熟技术，研制周期短，且能够保证性能的稳定、可靠性，而我国由于没有成熟的技术可供利用，供输弹系统在运行稳定性和可靠性方面还存在不少问题，充分暴露了我国供输弹技术的不成熟。

1.1.2   国内自动装填技术研究概述

多年来国内在自动装填系统总体设计、自动弹药仓、输弹、自动控制、传感检测以及动力学分析等方面进行了大量的研究，也取得了许多成果。

华北工学院[①]的马健等[6]利用 D - H 描述法对某大口径自行火炮选弹器系统运动学进行了计算，并利用爱尔米特插值法对其运动轨迹进行了规划。樊永生等[7]利用机器人运动学与动力学理论对某大口径自行火炮自动装填系统供弹机进行了运动学分析，并对系统进行了运动轨迹规划。

南京理工大学在自动供输弹药系统的动力学分析、结构设计、供输弹药的传输方式设计、控制系统设计等方面都做了有益的探索和尝试，取得了丰硕成果。侯保林[8-10]主要对供输弹药装填系统理论进行了研究，提出了供弹臂结构与系统控制方案同步设计的设计方法、链式自动化弹仓的最

---

① 华北工学院：今为中北大学。

优保性能控制算法以及一套输弹系统方案，并对以上问题进行了动力学分析，验证了设计方法方案的正确性，对提高自动装填系统设计理论和设计水平有重要的参考价值。石明全[11]基于 ADAMS（Automatic Dynamic Analysis of Mechanical Systems，机械系统的动力学自动分析）建立了某自行火炮自动装填系统的动力学模型，将驱动环节简化为力元，研究了自动装填系统中的供弹机的动力学响应，着重研究自动装填系统和全炮耦合运动的动力响应，分析发射后在全炮余振情况下自动装填系统的运动规律以及自动装填系统与全炮耦合情况下炮口扰动情况，研究侧重于对发射动力学的影响方面。马宏彬[12]以火炮模块化多功能综合实验平台智能化供弹装置（供弹臂）的研制为背景，完成了智能供弹臂系统的总体设计，对智能供弹臂的控制系统和语言警报系统进行了研究。钟险峰[13]针对供药机位置控制精度要求利用 ADAMS 和 Matlab/NCD 控制工具箱设计出了具有鲁棒性的位置 PID（比例 – 积分 – 微分）控制器，并通过受控动力学仿真计算验证了位置控制精度；设计了新的模块药分配器凸轮机构方案，并通过仿真进行了运动学验证分析，这对于供药机构设计有一定的借鉴意义。李继科[14]研究了虚拟样机技术在某新型火炮自动装填系统开发中的应用，通过 ADAMS 建立虚拟样机模型验证了机构的有关性能，对机构中存在的不足提出了改进意见，为设计人员提供了参考数据。李宗海[15]论述了双管 105 mm 火炮装填系统结构设计的基本原则和应考虑的问题，设计了一种新型供弹机和供药机方案并确定了主要结构参数，通过 ADAMS 动力学仿真分析了结构设计的合理性，研究成果可供设计人员借鉴。

西北机电工程研究所的研究工作更侧重于自动装填系统的试验研究。郑建辉和王卫[16]对装填系统样机可靠性台架试验专用装置进行研究，对其结构和功能进行了分析。丁宏民等[17]对某大口径火炮弹丸装填过程中弹带磕碰问题进行了研究，通过理论分析和试验测试相结合的方法找出了引起弹带磕碰的各种因素，并针对主要因素采取了减少弹带磕碰的措施，经验证取得了明显效果。吴护鹏等[18]研究了某输弹机构的原理，提出了供、输弹机构的运动协调性原则，并对其动力特性进行了计算，探讨了该供弹机设计中可借鉴的技术措施，其研究结论具有很大借鉴价值。刘琼敏等[19]分析了某大口径火炮弹药自动装填系统的多路位置控制系统，通过控制试验研究表明：以一台高端的可编程序控制器为中心控制器，利用逻辑控制和模拟、数字 PID 算法控制相结合的方法，对不同动力驱动机构、不同运动控制精度的多路运动控制系统进行控制，完全能满足系统的指标要求。

中国兵器装备集团研究院的唐湘燕和陈效华[20]在对自动供输弹装置故障分析的基础上，建立了 3 层 9 输入神经元、8 个隐含层神经元和 9 个输出层神经元的 BP（反向传播）神经网格故障预测模型，对自动供输弹装置进行了故障预测，取得了满意的效果。

炮兵指挥学院赵森等[21]通过理论与实弹射击试验相结合的方法，对自行火炮半自动装填机构输弹问题进行了研究，对半自动装填机构"恒力"输弹问题对初速的影响进行了量化研究，提出了解决的方法和途径。

装甲兵工程学院毛保全等[22]针对顶置坦克炮对自动装弹系统的特殊要求，提出了一种新的自动装弹系统方案，确定了其工作原理、结构组成和控制装置要求，对顶置坦克炮装弹问题的解决具有借鉴意义。徐达等[23]设计了液体气压式大口径顶置火炮输弹机，依靠气体作为储能介质，以液体作为传递力和密封气体的介质，与反后坐装置融为一体，充分利用了火炮后坐能量；并对其进行了动力学研究。徐达等[24]还以人体手臂结构为参考，设计了 7 自由度冗余弹药装填机器人，并确定了各关键结构参数，设计了手爪推弹器方案，进行了虚拟样机仿真研究，对于提高弹药装填机械的研制水平具有较大的参考价值。

哈尔滨工程大学则在舰炮自动装填系统设计、分析方面进行了研究。靳猛[25]对大口径舰炮供弹系统仿真技术进行了研究。葛杨等[26]针对某新型舰炮供弹率低的突出问题，采用现代机械理论中的并行时序方法，设计了配备中间储弹仓结构的 4 线旋转式下扬弹机，齿轮、齿条直线式上扬、推弹机构的新型供弹机构，并分析了机构运行不确定性因素对机构供弹率的影响，显著提高了新型供弹结构的供弹率。罗阿妮[27]对大中口径舰炮供弹系统进行了深入研究，提出了大中口径舰炮供弹体系结构，并对弹鼓间歇机械、升降机和供弹系统控制技术进行了设计研究，对供弹系统进行了运动学分析及虚拟样机仿真研究。

由于我国在大口径自行火炮自动弹药装填技术方面研究起步晚，技术储备薄弱，缺乏成熟的结构模式和设计方法，一些关键性的技术难题还没有彻底解决，与国外相比较而言差距很大。而且对自动供输弹技术的研究一般结合型号炮研制开展，存在研究队伍不固定，研究工作不连续、不深入的情况，预研工作受经费等因素影响，严重制约了自动弹药装填技术研究的开展。因而，我国在自动供输弹药技术方面仍需要给予足够的重视，加大科研力量和预研资金投入，使这项研究工作保持持续、稳步发展，以期在新型号火炮研制时能够有现成的成熟技术可供使用，缩短研制周期，提高系统稳定性和可靠性。

从国内在自动装填技术方面的研究现状来看，一些新的技术手段也逐步应用于自动装填系统设计，动力学仿真已经成为验证设计方案可行与否的重要手段。从对文献资料的分析来看，目前自动装填系统动力学的研究主要仍是侧重于对机械系统的分析，而在机电液控耦合仿真方面仍存在研究不深入的缺憾，对于液压系统、控制系统等子系统的研究往往被从总体中割裂出来，研究结果反映不出各个子系统间的相互耦合作用，仿真精度受到很大影响，而且这对于液压系统、控制系统等的设计也是非常不利的。因此，本书将对这一问题展开研究。

1.2　复杂系统虚拟样机仿真

虚拟样机技术于 20 世纪 90 年代初开始发展，其研究和应用迅速得到许多研究机构及软件供应商的重视，现已深入汽车制造业、工程机械、航天航空工业、国防工业及通用机械制造业等不同领域中。虚拟样机技术是从分析解决机械系统整体性能及其相关问题的角度出发，研究解决采用传统的机械产品设计方法所带来的弊端的一项高新技术手段，其核心是多体系统动力学建模理论、液压系统动力学、电气、控制等领域建模理论及其技术实现。

1.2.1　多体系统动力学的发展

随着科学技术的发展，机械系统向高度复杂化、集成化和智能化发展，机械系统的运动学和动力学问题也变得越来越复杂，不仅如此，机械系统的大型化和高速运行的工况使机械系统的动力学性态变得越来越复杂，机械系统各部件的大范围运动与构件本身振动耦合的非线性，使得机械系统运动学和动力学方程的建立和求解变得非常复杂[28]，经典的刚体力学理论和方法在解决这类问题时显得力不从心，迫切需要一种新的理论和方法。20 世纪 60 年代，随着计算机技术的飞速发展和数值分析理论、算法的日臻完善，多体系统动力学应运而生。当时的研究主要集中在宇航和机械领域，研究如何将计算机技术、动力学和数学的理论成果结合起来，以便更好地解决复杂机械系统的问题。

多体系统动力学的根本目的是应用计算机技术进行复杂机械系统的动力学分析与仿真，其核心问题是建模和求解问题。从 20 世纪 60 年代到 80 年代，几次国际性的理论研讨会对多体系统动力学和机械系统虚拟样机软件的发展起了很大的作用。1977 年，由国际理论与应用力学学会（IUTAM）主持召开第一次国际多刚体系统动力学研讨会[29]；1983 年，北大西洋公约组织与美国国家科学基金委等（NATO – NSF – ARD）联合主持召开"机械系统动力学计算机分析与优化讲习会"[30]；1985 年，由IUTAM 和国际机器理论与机构学联合会（IFToMM）联合主持的第二次国际多刚体系统动力学研讨会总结了该领域的进展[31]；1989 年由德国斯图加特大学主持对当时比较先进的大型软件进行测试，编辑出版了《多体系统手册》[32]；以后，几乎每年都有国际多体系统动力学会议，并出现了多体系统动力学专门刊物。世界各国的学者相继提出了各自较为系统的理论方法，为多体系统动力学和机械系统虚拟样机的发展做出了巨大的贡献，其中 Chace、Haug、Roberson 和 Wittenburg、Schiehlen、Kane、Huston 等人最为著名，这时一些机械系统虚拟样机仿真分析软件也纷纷问世。

20 世纪 60 年代到 80 年代，多刚体动力学得到了相当的发展。20 世纪 90 年代，Kortum、Schiehlen 和 Huston 对多体系统动力学建模分析方法及其应用进行了总结[33]，多体系统动力学的研究重点转向非完全约束、柔体、摩擦、接触、冲击和控制等方面[34]。Otter 等首先建立了数据模型的确定性数学描述，并成为 Durr 等制定国际化标准的基础[35,36]。20 世纪 80 年代后，柔性多体系统动力学在建模方法上渐趋成熟，产生了许多新的概念和方法，如浮动标架法、运动 – 弹性动力学方法（KED 方法）、有限段方法以及绝对节点坐标法等，建模水平和求解能力都得到了明显的提高，但是计算柔性多体系统动力学至今仍不如计算多刚体系统动力学成熟[37]。当前在航天和机械领域应用过程中提出的柔性问题[38]、碰撞问题[39]、摩擦问题[40,41]、间隙变拓扑问题[42,43]以及快速计算问题[44,45]等都成为新的研究趋向。

国内对多体系统动力学的研究开始于 20 世纪 70 年代末期，在众多学者和科研群体的不懈努力下，多体系统动力学的研究工作也取得了较大进展。中国力学学会一般力学专业委员会 1986 年在北京召开了"多刚体系统动力学"研讨会，1988 年在长春召开"柔性多体系统动力学研讨会"，1992 年在上海召开"全国多体系统动力学——理论、计算方法与应用学术会议"，1996 年与中国空间学会空间机械委员会联合在山东长岛召开"全国多体系统动力学与控制学术会议"。国内出版了多种多体系统动力学的教材和著作，许多学者在建模理论、计算方法等方面发表了高质量的论文，并且在多体系统碰撞动力学与变拓扑的多体系统动力学方面做了大量的工作[46]。

1.2.2 机械系统动力学仿真技术的发展

随着工程技术的发展，工程人员在处理复杂系统运动学和动力学问题中遇到了求解效率和求解精度不高的问题。而应用程式化的方法，利用计算机来自动求解复杂系统的运动学与动力学方程正是这一问题的最佳解决方法，Haug 称之为计算多体系统动力学。最早在 1961 年，美国通用汽车公司就致力于这方面的研究，并研制了动力学软件 DYANA（Dynamic ANAlyzer），该软件主要用于解决多自由度无约束的机械系统的动力学问题，研制者用该软件进行了车辆的"质量 – 弹簧 – 阻尼"模型分析。1964年，IBM 公司为验证其计算机在工业上的应用，为汽车工业研制了运动学分析软件 KAM（Kinematical Analysis Method）[46]。该软件采用了 M. A. Chace 的矢量代数的分析法，可以对单运动链单自由度机构进行位置、速度和加速度分析。但是，该软件不能对多运动链同时进行分析，不能分析高副和多自由度机构，而且进行静力学和运动学分析也不太方便。M. A. Chace 等人于 1964 年研究出了运动学分析软件 DAMN（Dynamic Analysis of Mechanical Networks）[47]，用来分析大位移下多自由度平面机构的动态响应问题。后经 D. A. Smith 等人不断改进，其功能不断完善，于 1969 年正式定名为 DRAM（Dynamic Response of Articulated Machinery，铰链机构的动态响应），可以对碰撞、冲击、振动特性进行模拟和分析。1972 年，美国 Wisconsin 大学的 J. J. Uicker 等人研发了闭环机构运动学和动力学通用分析软件 IMP（Integrated Mechanisms Program，集成化机械程序），能够对二维、三维、单运动链或多运动链的闭环机构进行运动学、静力学和动力学分析。1973 年，美国 Michigan 大学的 M. A. Chace 和 N. Orlandea 等人研制出了 ADAMS 软件，它能够分析二维、三维、开环或闭环机构的运动学和动力学问题，更侧重于解决复杂系统的动力学问题[48]。1977 年，美国 Iowa 大学的 CAD（Computer Aided Design，计算机辅助设计）中心在 E. J. Haug 教授的引导下，研制了 DADS（Dynamic Analysis and Design System，动力学分析和设计系统），它能够顺利解决柔性元件、反馈元件的空间机构运动学和动力学问题[49]。Roberson 和 Wittenburg 创造性地将图论引入多刚体系统动力学，成功地利用图论的一些基本概念和数学工具描述机械系统结构特征，推导出多刚体系统一般形式的动力学方程。Wittenburg 等人还建立了一个符号推导方程的计算机程序 MESAVERDE（MEchanism，SAtellite VEhicle and Robot Dynamics Equations）。Kane 等人发展了一套用于分析复杂机械系统动力学的统一方法，并开发了基于符号推导的多刚体系统动力学分析软件 AUTOLEV。Kane 方法的优点是不用动力学函数，因此无须求导计算，只需要进行矢量点积、叉积等简单计算。Huston 等人运用 Kane 方法发展了一种几何与计算相统一的方法，并开发了软件 DYNOCOMBS（DYNamics Of COnstrained MultiBody System）[33]。国外多体系统动力学软件的商品化过程早已完成，出现了较为成熟的商业计算软件，其中 ADAMS、DADS、SIMPACK、Recurdyn 极具代表性。这些多体系统虚拟样机技术软件不断更新换代，已占据了目前大部分国际市场，成为相关领域的主流应用软件。

国内在多体系统动力学软件的开发方面也有不少成果。1983 年，梁崇高开发了 SKAL 用以进行平面连杆机械运动分析。1988 年，北京理工大学开发了 KASM 和 GMKDS，1990 年进一步开发了在微机上运行的 MGMKDS（Microcomputer – based General Mechanism Kinematic Dynamic System）。上海交通大学洪嘉振提出了柔性多体系统动力学的单向递推组集建模方法，并开发了柔性多体系统动力学计算机辅助分析软件 CADAMB（Computer Aided Dynamic Analysis of Multibody）[28]。1992 年，张纪元等开发了任意平面连杆机构运动分析的通用程序 KAPL 和一类空间连杆机构运动学分析的通用程序 KASL。1999 年，中国农业大学周一鸣等人开发了机械系统虚拟样机运动仿真分析软件原型 MSVP（Mechanical System Virtual Prototyping）[50]。这些软件的开发是国内众多学者对多体系统动力学软件国产化的有益探索，缩短了我国在多体系统动力学软件开发方面的差距。

1.2.3　液压系统仿真技术的发展概述

液压系统仿真技术研究始于 20 世纪 50 年代，随着计算机技术及液压系统动力学建模理论的发展，相应的仿真软件相继出现，极大地促进了液压系统仿真技术的发展[51]。

1972 年，IFAS（国际流体动力学会）以欧洲享有盛名的 RWTH Aachen 研究的电力驱动液压系统为基础，开发出 DSH 和 SIMULANT 两个程序表。1994 年，IFAS 将这两个程序表合而为一，并加入其多年的气动系统研究成果，形成了完整的液压 – 气动 – 控制仿真软件——DSHplus，软件面向原理图建模，具有图形建模功能，重点描述系统的功能单元，采用回路类推法建立液压回路。

1973 年，美国俄克拉荷马州立大学推出 HYDSIM 专用液压仿真软件，采用了液压元件功率口模型方式建模，并且所建模型可以重复使用[52]。

瑞典从 1977 年开始研制，历时 8 年推出了 Hopsan 液压系统仿真软件，建模方法采用元传输线法，适于并行计算[53]。

荷兰 Controllab Products B. V. 公司与 Twente 大学联合开发了 20 – sim 动态系统建模与仿真软件。该软件支持原理图、方框图、键合图和方程式建模，并且支持几种建模方法的综合应用，是一款优秀的机电液一体化分析软件，于 2009 年 5 月发布了 20 – sim 4. 1。

IMAGINE 公司于 1986 年在法国成立，并于 1995 年推出了 AMESim。AMESim 软件系列包括用于系统设计的 AMESim、用于创建应用库的 AMESet、用于模型定制的 AMECostom 和传送至最终用户的 AMESim 的试运行版本 AMERun。AMESim 的模型库多达 20 种，子模型总数多达 1 500

多个，并且支持数据库管理，现已纳入比利时的 LMS 公司[54]。

EASY5 工程系统仿真和分析软件是美国波音公司的产品，它集中了波音公司在工程仿真方面 25 年的经验，其中以液压仿真系统最为完备，它包含了 70 多种主要的液压元部件，涵盖了液压系统仿真的主要方面，是当今世界上主要的液压仿真软件，已纳入 MSC 旗下[55]。

国内在液压系统仿真方面的研究也取得了不少结果。20 世纪 80 年代初，浙江大学流体传动及控制实验室借鉴 DSH 开发了面向物理模型的液压系统仿真软件包 SIMUL – ZD。SIMUL – ZD 有良好的模型库和数据库，实现了数学模型的高级语言化，从而易于对模型的进一步修改，但它只能在 DOS（磁盘操作系统）环境下运行。ZJUSIM 是在 SIMUL – ZD 的基础上开发，使用 Windows 图形操作界面和基于节点容腔法的原理图建模方式，由绘图、数学模型生成、参数赋值、系统模型编译、仿真、结果输出、优化等各模块组成[56]。

上海交通大学于 1986 年末推出了 HYCAD 液压仿真软件包，该软件包在液压仿真技术与图形 CAD 结合方面开创了良好的范例[57]。

华中理工大学研究开发了 CHISP 复杂液压系统仿真软件，该软件采用面向原理图的液压系统自动仿真技术，能根据用户输入的液压系统原理图自动寻找液压回路的拓扑关系，并能根据系统组成自动生成系统动态仿真模型，进行仿真运算[58]。

大连理工大学于 1991 年和 1997 年分别推出了由 BASIC（初学者通用符号指令代码）语言编写的 SIM – Ⅰ 和采用 C ++ 编写的 SIM – Ⅱ 液压系统仿真软件包，建模采用功率键合图方法。其于 2001 年推出了 SIM 系列的升级版 HVMS，融入了可视化，面向对象及模块化建模技术，能够实现模型的自动建立、仿真运算及结果处理与输出的全过程。

1.3　可靠性强化试验

1.3.1　可靠性强化试验的概念

可靠性试验技术从诞生至今可归结为模拟试验和激发试验两大类。

模拟试验通过对产品进行使用环境模拟来检验或鉴定可靠性程度[59]。早在 20 世纪 40 年代，美国就开始采用单环境因素对产品进行研制试验与鉴定试验，以检验产品的设计可靠性；70 年代以后则开始采用综合环境因素的可靠性试验，并在试验中模拟任务剖面中的主要环境应力。随着可靠性模拟试验技术的不断发展，已经形成系列的可靠性模拟试验标准和规范，如美军标 MIL‒STD‒781A～D、MIL‒STD‒1540 及其修订版，以及我国的 GJB899、GJB1407 等。由于采用了基于环境真实性模拟的试验方法，模拟试验存在周期长、效率低、耗费大的缺点[60]。此外，完全真实地模拟产品的使用环境往往存在诸多困难，以至于在实际工程中难以实现，导致试验结果与产品的实际情况不符。

为有效解决模拟试验存在的问题，从 20 世纪 80 年代后期开始，可靠性试验技术形成了一项新的分支——激发试验技术[61‒63]。激发试验不以环境的真实性模拟为目标，而是通过强化环境来进行试验，以提高试验效率、降低消耗。最早的激发试验是 20 世纪 50 年代的老化试验，所施加的环境应力为高温、高低温循环和温度冲击等，70 年代后发展成广义的环境应力筛选[64‒66]。1979 年，美国海军颁布了生产筛选大纲 NAVMATP‒9492，这使得环境应力筛选方法上了一个新台阶。1982 年，美国环境科学学会又颁发了指导性文件《电子产品环境应力筛选指南》和 MIL‒HDBK‒344《环境应力筛选手册》等，这些文件使得环境应力筛选进入一个更规范的发展阶段。环境应力筛选主要是剔除产品生产工艺过程缺陷，而对产品设计缺陷无能为力。

因此，从本质上讲环境应力筛选不能真正提高产品的固有可靠性，而产品固有可靠性在产品最终的可靠性中起着决定性的作用。

因此，1988 年，G. K. Hobbs 提出了高加速寿命试验（HALT）和高加速应力筛选（HASS）试验。前者用于产品的设计阶段，目的是快速暴露产品的设计缺陷，以便及时进行设计改进，提高产品的固有可靠性；后者用于产品的生产阶段，目的是快速暴露产品在生产过程中的各种制造缺陷，为用户提供高可靠性的产品。两者的核心即对产品施加远超过设计规范的应力，逐步提升应力水平，逐渐排除缺陷，又称为步进应力试验[67]。1994 年，波音公司在其故障防止策略大纲中，进一步将步进应力试验用于产品设计阶段，并将以实现高效、可靠性增长为目的的 HALT 命名为可靠性强化试验；而将用于产品生产阶段，以实现高加速环境应力筛选的试验仍称为 HASS 试验，这种命名进一步区分产品寿命试验中的加速寿命试验（ALT）与 HALT 的区别，明晰了相关的概念与名称[68-70]。

可靠性强化试验技术的理论依据是故障物理学，它把故障或失效当作研究的主要对象，通过发现、研究和根治故障达到提高可靠性的目的。可靠性强化试验通过采用人为施加的强化应力环境进行试验，快速激发产品的潜在缺陷使其以故障的形式表现出来，通过故障模式分析、故障机理分析和改进措施消除缺陷、提高产品可靠性[71,72]。可靠性强化试验并不强调试验环境的真实性，而是在保证失效机理不变的情况下强调试验的激发效率，实现研制过程中可靠性水平的快速增长。对于当今高技术和高复杂度的电子产品和机电产品，要发现潜在的故障较难，尤其是一些"潜伏"极深或不宜根除的间歇故障，必须采用加大应力的方法使其暴露。可靠性强化试验技术诞生至今，其相关研究与应用非常活跃，成为可靠性加速试验技术重要发展方向之一。

1.3.2　国内外研究与应用现状

自 20 世纪 90 年代初起，美国、日本等发达国家系统地开展了可靠性强化试验技术与应用的研究，取得了显著的成果，并形成了一些规范和指南。在理论与技术研究方面，国际上比较知名的专家主要有 Gregg K. Hobbs、S. Smithson、Joseph Capitano、Wayne Nelson、Mike Silverman 和 David Rahe 等。其中 Gregg K. Hobbs 在强化应力效率及试验理论与技术方面开展了大量研究；S. Smithson、Joseph Capitano 在强化温度应力及试验效率方面开展了研究；Wayne Nelson 在统计模型、试验剖面和数据采集与分析等方面开展了大量研究工作；Mike Silverman 和 David Rahe 在强化试验的技术与应用方面开展了大量工作。此外，Boeing 公司的 Robert W. Deppe 等在强化试验技术方面也进行了大量的研究与实践。在试验设备方面，Jon Hanse 最先研制成功强化试验设备，其采用气锤反复冲击式击振和液氮制冷方式，可产生宽带全轴随机振动激励，并且有大温变率试验能力，满足了强化试验对设备提出的高要求，但存在只能控制击振信号均方根值，无法控制振动谱形等问题。针对该设备的不足，1999 年 Entela 公司推出了一种新型强化试验设备 FMVT machine，其全轴振动是可重复及可控的。此外，美国 Envirotronics 公司、意大利 Angelantoni 公司、英国 Cape Engineerin 公司等也具有生产强化试验设备的能力。

可靠性强化试验技术已被世界各国各工业部门推广应用，产品可靠性得到很大的提高。据美国 QUAL MARK 公司 1995 年 5 月至 1996 年 3 月间的统计[73,74]，该公司先后为来自 19 个不同工业部门的 33 家公司的 47 种产品（涉及电子和机电两大类产品）提供了可靠性强化试验服务，均获得了显著的成效。目前，国外从事该领域的机构有很多。许多著名企业成立了专门的可靠性强化试验机构，如波音公司、惠普公司等，还有许多其他著名大公司也都在实施该试验，如 Compaq 公司、Motorala 公司、美国的 MSL 公司、TNAC 公司以及 SONY 公司等，都使用 RET 获得产品的高可靠性和实现产品的更新换代。正因如此，强化试验的理论和方法在实践中有了较快的发展，强化试验技术应用越来越广泛。如在航空、航天方面，波音公司已于 1994 年在波音 – 777 飞机上成功采用强化试验方法[75]，而且

该试验方法在波音 – 737 改型上也得到了应用。美空军 ROME 实验室采用该技术对 412L 飞行器的警报与控制系统进行了装配级的加速试验[76]。

国内可靠性强化试验的研究开展得比较晚，加之国外对我国相关设备引进采取限制措施，阻碍了可靠性强化试验技术在我国的研究与应用。国内从 20 世纪 90 年代中后期开始进行跟踪研究，由陈奇妙主编的《国外可靠性强化试验技术文集》是较早地系统介绍国外可靠性强化试验概念的文献之一；较新的著作有温熙森编著的《可靠性强化试验理论与应用》，对近年来可靠性强化试验技术领域的重要研究成果以及技术创新进行了论述。国防科技大学在可靠性强化试验理论专项研究和系统应用上取得的成果比较丰硕。随着相关理论与技术研究的不断深入，强化试验在很多产品和系统的可靠性研究中得到应用，比较有代表性的有：中国人民解放军国防科技大学褚卫华的模块级电子产品可靠性强化试验方法研究[76-77]；北京航空航天大学姚金勇等开展的基于 ARM（Advanced Reduced Instruction Set Computer Machines，增强型简易指令集处理器）的嵌入式系统的可靠性强化试验研究[78]；易难等对某型电源装置开展的可靠性强化试验的条件和方法研究[79]；荣吉利等对航天火工机构可靠性的强化试验验证方法的研究，为缩短试验时间提供了理论依据[80]；在系统整机进行 HALT 时，针对可能存在的薄弱部件过快出现失效而导致系统整机不能工作的问题，朱建华提出在薄弱部件与系统保持连接的条件下，将其分离至试验设备外的思想，这样既保证了系统正常工作又不至于影响试验的进程[81]。

在我国轴承行业"十一五"发展规划中，重点之一是开展延长滚动轴承寿命和提高可靠性技术攻关，为此开发研制了 ABLT 系列轴承寿命及可靠性强化试验机，已获得国家发明专利授权 2 项[82-84]，并且开展了轴承强化试验技术研究，为轴承可靠性的提高提供了理论和试验依据。姚江伟针对旋转机械永磁轴承"机械内部附加交变磁场导致永磁体退磁"的失效模式，设计了永磁体加速寿命试验台，对永磁体施加交变外磁场来模拟永磁体在旋转机械实际工作状态下所受到的交变磁场[85]。吴艳等在对可靠性强化试验设备温、湿度控制系统的工作机理进行分析的基础上，针对系统的特点，提出了采用比例控制结合模糊 PID 自适应控制（P – Fuzzy PID）的双模控制器对温、湿度控制系统进行简化，并且运用 MATLAB 软件对其进行了仿真[86]。目前一种新型的超高应力强化试验系统——全轴随机振动试验机，能够施加振动、温度、湿度"三综合"的超高应力环境，特别是三轴 6 自由度的随机振动，在实际工程应用中对产品疲劳缺陷表现出很高的激发效能[87]。

由于军事保密的原因，现有文献中，对可靠性强化试验在武器装备上应用的报道相对较少，可以查阅到的多是关于火炮强化行驶试验的研究[88]，通过将虚拟样机仿真技术与车辆强化试验技术相结合来开展履带式自行火炮虚拟强化试验技术研究，充分发挥强化试验技术的优点，同时克服强化试验的破坏性作用，缩短试验周期，降低试验费用。因此，随着可靠性强化试验技术研究的不断深入与成熟，计算机技术的引入成为该领域研究工作的必然趋势。

综上所述，可靠性强化试验技术已经被许多发达国家成功应用到了多个行业，并取得了斐然业绩。我国在可靠性强化试验的理论和试验设备方面以及具体实践上也已经有了一定发展，取得了许多成果。但由于我国起步晚，且受到信息及设备方面的封锁，许多理论和技术研究尚不深入，应用不太成熟，需要进行深入研究和艰辛探索。

1.4　故障分析技术研究综述

故障树分析（Fault Tree Analysis，FTA）与故障模式及影响分析（FMEA）是两种不同思路的故障分析技术，FTA 是常用的故障演绎分析法，它具有深入细致、善于处理多重故障模式问题的特点，还易于考虑环境因素、人为因素对系统故障的影响。FTA 的前提是建立故障树，这是一项工作量大、难度大、烦琐且常有分析遗漏的工作，有些时候由于系统故障逻辑关系或系统的功能关系的复杂性，传统的故障树分析无法进行，Joanne Bechta Dugan 等[89]在 1992 年提出了动态故障树，并在其后的论文中对动态故障树的分析和应用做了进一步的研究[90]，突破了传统故障树的局限性，综合应用故障树分析和马尔科夫过程技术，解决了与时序相关的故障树分析问题，之后国内外许多学者对动态故障树也有不少的研究[91-92]。FTA 的研究在向动态 FTA、多态 FTA 和模糊 FTA 以及非单调故障树分析等技术方向发展。

　　FMEA 是全面进行的，能够对所分析系统的故障模式及其影响进行全面的分析。但 FMEA 是一种单因素分析法，难以分析多因素共同或相互作用而产生的多重故障模式及其影响，不易考虑环境因素及人为因素的影响。因此，国内外的学者做了许多研究，试图克服 FMEA 固有的缺陷。Christo - pher J. Price 等[93]提出了考虑多故障模式的 FMEA，并且提出了实施原则和方法；Joseph A. Childs 等[94]在总结前人的工作基础上，提出了CCF - FMEA（基于故障原因分类的故障模式及影响分析）方法，通过引入故障原因分类方法同传统 FMEA 过程结合，实现了共同故障原因的分析；Zigmund Bluvband 等[95]提出了 Expanded FMEA（E - FMEA），通过引入一个图形工具，能够快速准确地对故障模式的重要程度进行排列，同时能够分析共同故障模式导致故障的情况。

　　随着国内外学者对 FTA 和 FMEA 在深度方面的研究，也有很多学者试图结合 FTA 和 FMEA 进行故障分析，主要结合方法有正向结合方法和逆向结合方法。正向结合方法的基本原理是：利用故障模式、影响及危害度分析（FMECA）对系统中单一故障模式的归纳分析结果，依据 FMECA 中的严酷度级别，从高严酷度级别所对应的故障影响中选择一个或多个严酷度作为故障树的顶事件，建立系统的故障树，并利用 FMECA 过程得到的底事件故障率数据，对故障树进行定性分析和定量计算。逆向 FTA 与 FMECA 综合分析方法的基本原理是：根据系统的功能要求和故障定义，首先选择一个或多个系统中不希望发生的事件，建立起相应的故障树；进而对故障树进行定性的分析评估，列出重要底事件清单，然后利用 FMECA 技术对重要的底事件进行分析评估，并对由 FMECA 生成的故障树进行深入的定性分析和定量计算。

1.5　虚拟样机技术研究及应用现状

虚拟样机技术在一些较发达国家，如美国、德国、日本等已得到广泛的应用。作为一项 20 世纪 90 年代从 CAX/DFX（计算机辅助技术/面向产品生命周期的设计，指借助各类计算机辅助技术开展面向产品生命周期各环节或某环节的设计过程）等技术发展而来的先进制造系统建模仿真设计方法，虚拟样机是虚拟制造（VM）的关键技术，在设计复杂、制造成本高、周期长、污染环境、批量定制和不可能制造多台物理样机的行业中有广阔的前景，将会逐渐成为产品研发的主流。

虚拟样机技术可以广泛地应用在各个行业之中，如汽车、工程机械、航空航天业、造船业、机械电子工业、国防工业、人机工程学、生物力学、医学以及工程咨询等很多方面。应用最多的是包含虚拟样机技术的虚拟制造，尤其以设计为中心的虚拟制造是虚拟样机技术使用最广泛之处。以设计为中心的虚拟制造技术以统一的信息数据库为基础，对数字化虚拟样机进行仿真分析、优化，同时进行产品结构性能、动力学、运动学、热力学等多方面的分析和可装配性分析，以获取对未来产品的性能预测结果和可制造性分析。

虚拟样机技术仍处在发展阶段，各个国家都开始对这门新技术进行深入的研究，但系统完整的理论体系还未形成，目前美国处于研究的前沿。我国"十五"期间也专门立项，并针对复杂产品部件级 VP 进行论证、研制的应用验证，从而总结了一套虚拟样机应用的模式和方法，推动了我国 VP 研究和应用的发展。

波音公司设计的 777 型大型客机是世界上首架以无纸化方式设计出的飞机，开发周期从 8 年减少到 5 年，研发成本降低了 25%，它的设计成功标志着虚拟制造从理论转向实用。

美国航空航天局（NASA）的喷气推进实验室（JPL）成功地实现了火星探测器"探路者号"在火星上的软着陆。JPL 工程师利用虚拟样机技术仿真研究飞船登陆火星的不同阶段。在实际探测器发射前，预测到由于制动火箭和火星风的相互作用，探测器可能在着陆中翻滚。工程师针对这个问题修改了技术方案，保证了登陆火星的成功。此外，JPL 还运用虚拟样机技术实现了科学的协同工程。

美国福特汽车公司、克莱斯勒汽车公司和我国的一汽均在新型汽车的开发中应用到虚拟样机技术。

虚拟样机技术在国外工程机械的很多方面也都得到应用，如车辆悬架设计、动力学仿真、发动机设计、噪声、振动和冲击特性预测、操纵稳定性和乘坐舒适性仿真、驾驶员行为特性仿真、挖掘功率预测及工作效率预测等多方面。世界最大的工程机械设备制造企业 Caterpillar 公司，采用虚拟样机技术改进了设计过程，节省了制造物理样机所需的数月时间和数百万美元，实现了快速、低成本、高质量的开发。1996 年，该公司在反铲装载机新样车设计过程中，曾产生 3 个概念上都可行的方案，但当技术人员"坐进"虚拟样机驾驶室时发现，两个方案中的驾驶员无法看到反铲连杆最低位置。根据这点，不仅确定了正确的设计方案，节约了其他两个机型制造所需的费用，还减少了不合理方案盲目上马的风险。工程机械著名厂家 John Deere 公司，曾遇到工程机械在高速行驶时的蛇行现象及在重载下的自激振动问题，采用虚拟样机技术不仅找到了原因，而且提出了改进方案，同时在虚拟样机上得到了验证，最终应用到实际产品中。虚拟样机技术还可应用在工程咨询方面，仿真再现工程机械事故过程，提供诉讼证据以及帮助分析赔偿问题。此外，结合虚拟现实（VR）环境，虚拟样机技术还可提供工程机械的驾驶或操纵培训，避免了在物理样机上操作的危险。

国内虚拟样机技术从开始起步到现在，已经取得了长足的进步，较多地应用于汽车制造、重型工程机械、机器人和兵器工业。总体来说，其还处于实验室阶段，在软件开发及工程应用上还在摸索，与国外虚拟样机研究的深度以及取得的成果相比都还有很大的差距。就目前我国虚拟样机技术在兵器工业领域的应用来看，主要运用在动力学分析、结构的优化和强度分析方面，并且取得了不少结果，一些新研制的武器装备普遍采用了仿真技术。随着研究工作的不断深入和相关技术的进一步发展，虚拟样机技术在我国必将得到进一步的发展和应用。

1.6 优化设计技术研究现状

优化设计技术提供了一种在解决机械产品设计问题时，能从众多的设计方案中寻找尽可能完善或最为适宜的设计方案的先进设计方法。采用优化设计方法能有效提高设计效率和设计质量，优化设计已成为现代机械设计理论和方法中的一个重要领域，越来越受到从事机械设计的科学工作者和工程技术人员的重视。

机械优化设计是在进行某种机械产品设计时，根据规定的约束条件，优选设计参数，使某项或几项设计指标获得最优值。产品设计的"最优值"或"最佳值"，是指在满足多种设计目标和约束条件下所获得的最令人满意与最适宜的值。最优值的概念是相对的，随着科学技术的发展及设计条件的变动，最优化的标准也将发生变化，但优化始终是在保证产品达到某些性能目标并满足一定约束条件的前提下，通过改变某些允许改变的设计变量，使产品的指标和性能达到最期望的目标。

机械优化设计可解决设计方案参数的最佳选择问题。这种选择不仅保证多参数的组合方案满足各种设计要求，而且又使设计指标达到最优值。因此，求解优化设计问题就是一种用数学规划理论和计算机自动选优技术来求解最优化的问题。

在设计领域中，追求最优的设计方案一直是设计人员不懈努力、奋斗不止的理想和目标，并且在长期的设计实践中产生了诸如进化优化、直觉优化、试验探索优化等一些优化策略和方法，并在"设计—评价—再设计"的过程中，自觉或不自觉地利用经验、知识、图解分析、黄金分割和分析数学等一些经典的优化方法进行优化设计，解决了一些简单的单变量的优化设计问题。在此阶段，没有形成完整的优化设计理论体系，因而可称它为古典优化设计[96-97]。

近代数学的分支——数学规划论的创立，特别是近 50 年来，计算机及其计算技术的迅速发展，使得对工程设计中较复杂的一些优化问题的计算有了重要的工具，并在航空航天、汽车和船舶等民生要害工业部门及其一些重大工程设计的应用中取得了较好的技术和经济效果，同时也促进了工程优化设计理论和方法的发展，如基于神经网络系统的结构优化方法、遗传算法、最大熵方法[98]和模拟退火算法[99]、混沌优化方法[100]以及变尺度混沌优化方法[101]等，逐步形成以计算机和优化技术为基础的近代优化设计。

第**2**章
输弹系统故障分析

　　严酷的现代战争使得大口径火炮的爆发射速和持续射速成为火炮的重要战技指标，因此，新型火炮几乎都使用了自动供输弹系统，以提高火炮的自动化装填程度和持续战斗力。然而，某大口径自行火炮列装部队之后，自动供输弹系统在作战和训练过程中时有故障，尤其是输弹系统故障不断，频繁出现输弹不到位、不能推出药筒及无法收链等现象，使得自动供输弹系统无法正常工作，严重影响了火炮战斗力的发挥。因此，有必要针对输弹系统开展故障分析，摸清输弹系统常见的及潜在的故障模式，为开展输弹系统可靠性研究、可靠性试验，改进输弹系统设计，提高输弹系统的任务可靠性提供理论依据。

　　影响输弹系统可靠性的因素很多。例如：机构运动部件质量的变化；机构各零部件的制造装配尺寸精度、形状位置精度等对机构运动的影响；机构各运动副的间隙、摩擦、润滑条件的变化。机械运动的可靠性不仅取决于设计、制造，还取决于使用过程中的工作对象、环境条件因素，必须从全过程进行综合分析。因此，深入分析输弹系统的故障机理，掌握其故障规律，提高输弹系统的可靠性和维修性是目前亟待解决的问题。故障树分析和基于模糊多属性决策的故障模式危害性分析是故障分析的有力工具。

本章以输弹系统为研究对象，开展了输弹系统结构组成和工作原理分析，运用故障树分析法建立了输弹系统的故障树，并对故障树进行了定性分析；运用模糊多属性决策的方法进行了输弹系统的故障模式危害度分析，确定了输弹系统的关重件，为后续的研究工作提供了有力支撑。

2.1 输弹系统的组成及工作原理

某自行火炮输弹系统集机、电、液于一体，主要由输弹机、协调器、防护舱、输弹液压子系统及电气控制子系统等部分组成[102]，如图 2 - 1 所示，共同完成弹丸和药筒的输送及将空药筒推送至规定位置。

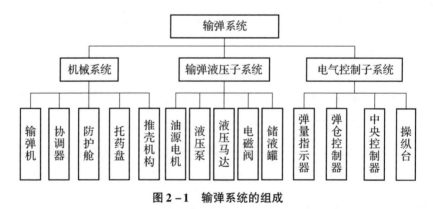

图 2 - 1 输弹系统的组成

协调器用于接转由供弹机提供的弹丸，并将其送到输弹线上；输弹机为电控液压驱动的链条式输弹机，用于将输弹线上的弹丸送入炮膛；液压系统采用双联泵，向协调器托弹盘翻转油缸、输弹机液压马达等提供油源，以驱动其完成相应动作；控制系统用于控制各执行组件的动作，使其在装填过程中精确到位，图 2 - 2 为其功能框图。

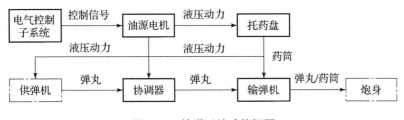

图 2 - 2　输弹系统功能框图

装弹时，先由供弹机向处于接弹位置的协调器托弹盘供弹，协调器接到弹后，先向炮身射角协调，协调到位后托弹盘带着弹丸翻转到输弹线（炮膛轴线）上，再由输弹机链条将弹丸送入膛内，并可靠卡膛，完成整个弹丸的装填过程。

装药时，托药盘带着人工放置的药筒翻转到输弹线（炮膛轴线）上，再由输弹机链条将药筒送入膛内，并触动抽筒子关闩到位，完成装药过程。

2.1.1　协调器

协调器用于将供弹机供出的弹丸转运到输弹线上，以备输弹入膛。

协调器由本体、托弹盘、翻转油缸、右前耳轴、小平衡机、电机、行军固定器、行程开关等组成，如图 2 - 3 所示。

右前耳轴固定于托架右外侧，协调器本体固定在右前耳轴上，通过电机驱动协调器绕耳轴转动，实现与火炮射角协调。托弹盘通过销轴与协调器本体相连，在翻转油缸作用下进行翻转，向输弹线供弹及返回。小平衡机由平衡油缸和蓄能器等组成，用于平衡协调器的重力矩，减小驱动电机的负载。角度传感器和安装于托架上的小齿弧啮合，用于提供协调器相对起落部分的角度信号。行程开关共有 4 个，分别提供托弹盘初位信号、托弹盘

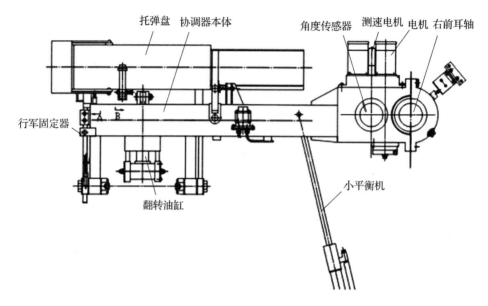

图 2 - 3　协调器结构简图

有无弹信号、托弹盘接弹到位信号、到输弹线位置信号。行军固定器用于行军时将协调器和吊篮相对固定，减小行军时对协调器传动部分的冲击。

2.1.2　防护舱

防护舱由开闩机构、击发机构、复拨机构、药筒压平机构、后坐标尺、托药盘等组成，并固定着互锁机构、排壳机构、起落电气设备、链式输弹机以及托药盘油缸等。防护舱的前端用螺栓与摇架相接，图 2 - 4 为其结构简图。

其功能是保护炮班成员在发射时免遭后坐部分的撞击，并随火炮起落部分同步俯仰。它为输弹机输弹与排出射后的药筒提供基座，舱体的下边和舱体后箱板上，安装输弹机及其液压管路与电缆等；舱体左边设有托药盘，用于承装药筒并将其准确地转入炮膛中心线；舱体后箱板上设有互锁机构，它的主要功能是使左右舱门转动及击发动作按一定的工作程序工

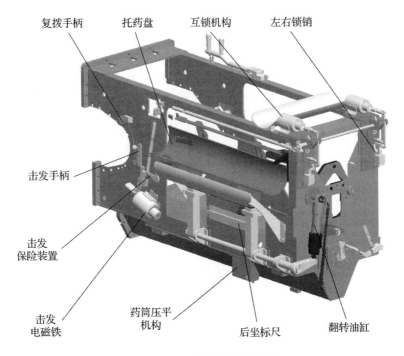

图 2-4　开式防护舱结构简图

作，确保各部可靠地工作；舱体后箱板上还设有压壳板以及相应的传动机构，用于规正射后抛出药筒的位置，其上还设有缓冲垫、弹簧及减振等装置，用于抵消抛出的药筒的冲击力；舱底设有接壳及挡壳装置，用于排出射后的药筒，其上设有光电开关，用以识别射后的药筒是否已抽出；舱体的左前侧固定有火炮复拨和击发装置；舱体的右前侧固定有火炮复进到位和开闩到位的信号开关和手动开闩机构；舱体的上方是全部敞开的，可便于吊装闩体和其他各部机构电气信号的拆检；舱体左侧板上设有后坐标尺及后坐超长报警装置。

2.1.3　输弹机

输弹机是输弹系统的重要组成部分，也是输弹系统中故障发生最为频繁的机构。输弹过程中，输弹机直接与弹丸、药筒接触，将输弹线上的弹丸或药筒迅速可靠地输送到炮膛内，并将发射完的药筒推到规定位置，提高火炮的发射速度。

该输弹机为电控液压驱动链条往复推送式，安装在防护舱的后部和下部，它主要由齿轮箱体、凸轮、链盒、链条、推壳机构、测速装置和手摇机构等组成，如图 2-5 所示。

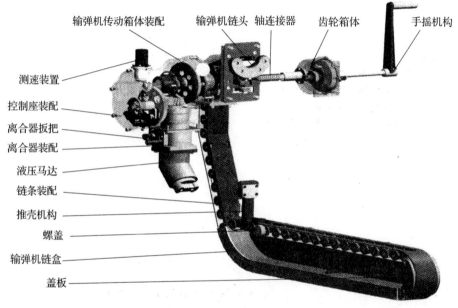

图 2-5　输弹机结构简图

齿轮箱体：内装直齿轮和锥齿轮副传动，其上有手动转换手柄和电动转换手柄，用于实现手动和电动转换功能。

凸轮：两个凸轮分别用于控制输弹信号和收链信号，用电控制液压电磁阀实现输弹和收链。

链条：链条安装在链盒内，实现将弹丸及药筒按一定的速度送入炮膛。

推壳机构：将空药筒推送到规定位置。

测速装置：主要用来测量弹丸在卡膛点的速度，并反馈给电气系统，当输弹速度偏低时实现报警功能。

手摇机构：由手摇手柄、一对传动齿轮与齿轮箱体组成，齿轮箱通过螺栓固定，大齿轮轴与手摇手柄相连，小齿轮轴与齿轮箱体内的锥齿轮相连，用来实现手摇检查功能。

2.2　输弹系统故障树的建立与定性分析

输弹系统是机电液耦合的复杂系统，通过电机、液压驱动、控制系统相结合的方法，对各部件的运动进行协调和控制。输弹系统工作负荷重、环境恶劣，运动部件动作复杂，并且影响运动部件动作过程的随机因素、模糊因素比较多，这些因素严重影响了输弹系统性能的正常发挥。在工作过程中，振动、冲击、磨损及弹性元件等的影响，造成主要部件机构动作的准确性、及时性不够，从而使机构运动不到位、动作失调，产生故障，严重时导致系统不能正常工作，所以很有必要对其进行故障分析。

2.2.1　故障树的建立

故障树分析法是一种分析系统故障、实现故障准确预测的有效手段[103-105]，它以系统最不希望发生的事件作为顶事件，通过演绎法找出顶事件发生的直接因素并将其作为二次事件，按照从果到因的关系逐步深入分析，直到找到最底层（基本）故障原因，即底事件。运用故障树分析，可以做到：预测系统可靠性；寻找系统薄弱环节，制定预防措施；系统的风险评估；事故分析；系统故障分析，指定故障查找程序，寻找故障检测最佳部位；系统元、部件的重要度分析；制定维修决策；故障树模拟分析，实现系统优化等。

建立故障树是 FTA 中最基本、最关键的环节。故障树建立的过程，是寻找研究系统的故障和导致系统故障的诸因素之间逻辑关系的过程，并且用故障树的图形符号，抽象表示实际系统故障和传递的逻辑关系[105]。在建树过程中，工程技术人员能够透彻了解系统，发现系统中的薄弱环节。输弹系统故障率较高，其结构的复杂性决定了其故障的多样性。故障树分析法是对该系统进行故障分析的有效工具。

输弹系统故障树的顶事件主要包括：输弹/药不到位（包括不能输弹/药）、不能推出药筒、带弹协调困难，其故障树分别如图2-6、图2-7和图2-8所示。在建立输弹系统故障树过程中，仅考虑了输弹系统自身零部件引起的故障。同时，充分考虑了部队使用过程中的输弹系统故障零部件统计数据以及基地定型试验中故障情况，使得故障树建立更为科学、合理。

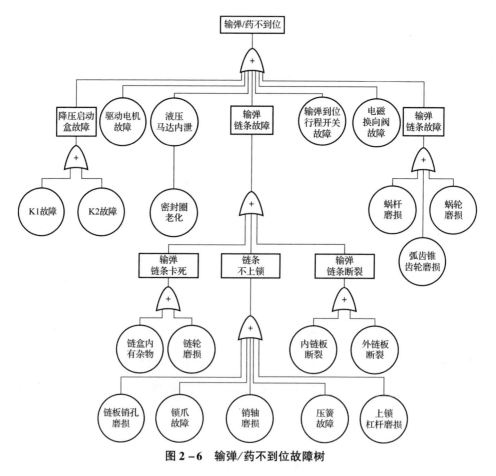

图2-6 输弹/药不到位故障树

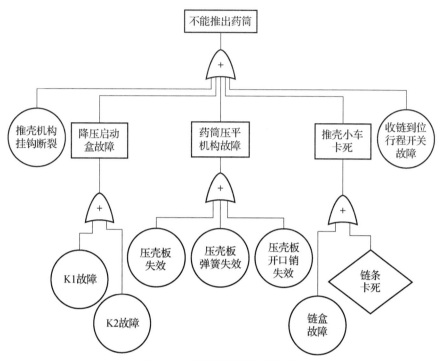

图 2-7 不能推出药筒故障树

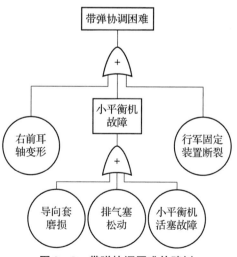

图 2-8 带弹协调困难故障树

通过建立输弹系统故障树，确定了引发系统故障的零部件及其故障模式，为维修保障人员直观透彻地了解系统故障、制定预防措施，及时准确定位故障和诊断故障原因提供了理论依据，也为输弹系统薄弱环节——关重件的确定奠定了基础。

2.2.2　故障树定性分析

对输弹系统故障树进行定性分析的目的是寻找导致故障的顶事件发生的原因，识别导致顶事件发生的故障模式，它可以判明潜在的故障，以便改进设计，也可以用于故障诊断，改进使用和维修方案。进行故障树定性分析一般利用它的最小割集。割集是导致故障树顶事件发生的底事件的组合，而最小割集是导致故障树顶事件发生的数目不可再少的底事件的组合。它表示的是引起故障树顶事件的一种故障模式。任何故障树均由有限数目的最小割集组成，它们对给定的故障树顶事件来说是唯一的。

通常利用上行法来确定所建故障树的最小割集。首先，写出各级顶事件的底事件表达式。由于输弹系统各分系统故障树的各中间事件以下为单一的逻辑"或"门结构，因此可以将其分别表示为各相应底事件的和，则有：$T = \sum x_i$，$i = 1，2，\cdots，n$。化简可得最小割集为：$\{x_i\}$，$i = 1，2，\cdots，n$。其中 x_i 表示故障树中第 i 个底事件。

可见，在输弹系统故障树中，每个底事件都是顶事件的一个最小割集，对顶事件影响都很大，因此，要保证系统可靠度，必须保证每个底事件的可靠度。

2.3　模糊多属性决策基本模型及方法

在输弹系统的故障模式危害性分析中，诸多影响因素存在界限不清的问题，需要处理大量不精确的数据，如果过分追求数学上的严谨和精密，将会阻碍分析的正常进行。分析者在对每一个影响因素的重要程度进行估计时，通常不完全能用一个精确的数表示，需要引入模糊数表示，来解决上面提到的问题。

模糊多属性决策方法是进行故障模式综合预测的一种有效方法。本书用此方法来对故障模式的危害性进行决策。

2.3.1　模糊多属性决策的基本模型

与经典多属性决策相类似，模糊多属性决策的基本模型可以描述为[106]：给定一个方案集

$$X = \{x_1, x_2, \cdots, x_m\} \tag{2-1}$$

和相应于每一个方案的属性集

$$U = \{u_1, u_2, \cdots, u_n\} \tag{2-2}$$

以及说明每种属性相对重要程度的权重集

$$W = \{\omega_1, \omega_2, \cdots, \omega_n\} \tag{2-3}$$

其中，关于属性指标和权重大小的表示方式可以是数字的，也可以是语言的；涉及的数据结构可以是精确的，也可以是不精确的。而所有语言的或不精确的属性指标、权重大小、数据结构等都被相应地表示成决策空间中的模糊子集或模糊数。其模糊指标矩阵（也叫模糊决策矩阵）可以写为

$$\tilde{F} = \begin{bmatrix} \tilde{x}_{11} & \tilde{x}_{12} & \cdots & \tilde{x}_{1n} \\ \tilde{x}_{21} & \tilde{x}_{22} & \cdots & \tilde{x}_{2n} \\ \vdots & \vdots & \ddots & \vdots \\ \tilde{x}_{m1} & \tilde{x}_{m2} & \cdots & \tilde{x}_{mn} \end{bmatrix} \tag{2-4}$$

采用广义模糊合成算子对模糊权重矢量和模糊指标值矩阵 $\tilde{F}$ 实行变换，得到模糊决策矢量 $\tilde{D}$：

$$\tilde{D} = W \otimes \tilde{F} = (\tilde{d}_1, \tilde{d}_2, \cdots, \tilde{d}_m) \tag{2-5}$$

运用模糊集排序方法对模糊决策矢量元素 $\tilde{d}_1$，$\tilde{d}_2$，$\cdots$，$\tilde{d}_m$ 进行比较，选出 x_1，x_2，$\cdots$，x_m 的最优方案，记为 x_{max}。

对输弹系统的决策就是根据现有的客观条件，运用一定的工具、技巧和相应手段对决策的各个因素进行计算与判断，来实现对系统故障模式危害度的研究。TOPSIS（Technique for Order Preference by Similarity to Ideal Solution）方法与 VIKOR（Vise Kriterijumska Optimizacija I Kompromisno Resenje，多准则妥协排序法）是已有的两种取折中解的多属性决策方法[107-108]。目前，关于 TOPSIS 方法的应用有很多，VIKOR 与 TOPSIS 方法各有特色，但 VIKOR 的应用较少，且未见与 TOPSIS 方法类似的扩展。

2.3.2　模糊多属性决策方法研究

只有选择正确的决策方法，才能准确分析输弹系统零部件的故障模式危害性。需要在掌握相关信息的基础上，系统地分析影响故障模式的各种主客观条件，分析出各零部件的故障模式，从中选出危害性大的零部件。从系统论的角度出发，对输弹系统的决策就是根据现有的客观条件与状况，运用一定的工具、技巧和方法，对决策的各个因素进行计算与判断，来实现对输弹系统的故障模式危害性的研究。本章采用 TOPSIS 方法对输弹系统进行故障模式危害度分析。

TOPSIS 方法是逼近理想解的排序方法，是一种有效的多属性决策方法[109]。这种方法以靠近理想解和远离负理想解两个基准，计算每一个方案与正理想解和负理想解之间的加权距离，对方案集中各方案进行排序，其中最接近正理想解同时又远离负理想解的方案就是最优方案。

设一个多属性决策问题的备选方案集为 $X = \{x_1,\ x_2,\ \cdots,\ x_m\}$，衡量方案优劣的属性向量为 $U = \{u_1,\ u_2,\ \cdots,\ u_n\}$；这时方案集 X 中的每个方案 $x_i(i=1,\ 2,\ \cdots,\ m)$ 的 n 个属性值构成的向量是 $U = \{x_{i1},\ x_{i2},\ \cdots,\ x_{in}\}$，它作为 n 维空间中的一个点，能唯一地表征方案 x_i。理想解 x^* 是一

个方案集 X 中并不存在的虚拟的最佳方案，它的每个属性值都是决策矩阵中该属性的最好的值；而负理想解 x^- 则是虚拟的最差方案。它的每个属性值都是决策矩阵中该属性的最差的值。在 n 维空间中，将方案集 X 中的各备选方案 x_i 与理想解 x^* 和负理想解 x^- 的距离进行比较，既靠近理想解又远离负理想解的方案就是方案集 X 中的最佳方案；并可以据此排定方案集 X 中各备选方案的优先序。

用理想解求解多属性决策问题，只要在属性空间定义适当的距离测度就能计算备选方案与理想解。TOPSIS 方法所用的是欧氏距离。既用理想解又用负理想解是因为在仅仅使用理想解时有时会出现某两个备选方案与理想解的距离相同的情况。为了区分这两个方案的优劣，引入负理想解并计算这两个方案与负理想解的距离，与理想解的距离相同的方案离负理想解远者为优。

TOPSIS 方法的具体步骤如下：

设一个多属性决策问题的备选方案集 X 中的每个方案 x_i（$i = 1, 2, \cdots, m$）的 n 个属性值构成向量 $\boldsymbol{D} = \{x_{i1}, x_{i2}, \cdots, x_{in}\}$，它作为 n 维空间中的一个点，能唯一地表征方案 x_i。

步骤 1：确定方案在各属性下的取值，并构建初始决策矩阵 $\boldsymbol{F} = \{x_{ij}\}$（$i = 1, 2, \cdots, m$；$j = 1, 2, \cdots, n$），$x_{ij}$ 表示方案 $x_i \in X$ 在属性 $u_j \in U$ 下的取值。

步骤 2：规范化决策矩阵，即将决策矩阵中的每个元素规范到 $[0, 1]$ 中。在此，采用矢量转换法。设多属性决策问题的规范化决策矩阵为 $\boldsymbol{R} = \{r_{ij}\}$，则

$$r_{ij} = x_{ij} \bigg/ \sqrt{\sum_{i=1}^{m} x_{ij}}, \quad (i = 1, 2, \cdots, m; \ j = 1, 2, \cdots, n) \qquad (2-6)$$

步骤 3：构造加权规范化决策矩阵 $\boldsymbol{V} = \{v_{ij}\}$，则

$$v_{ij} = r_{ij} \omega_j \quad (i = 1, 2, \cdots, m; \ j = 1, 2, \cdots, n) \qquad (2-7)$$

当 r_{ij} 和 ω_j 均是明晰数时，v_{ij} 是明晰数；当 r_{ij} 和 ω_j 均是模糊数时，则 v_{ij} 必然是模糊数。

步骤 4：确定理想解 x^* 和负理想解 x^-：

$$x^* = \left[v_1^*, v_2^*, v_j^*, \cdots, v_n^* \right] \tag{2-8}$$

$$x^- = \left[v_1^-, v_2^-, v_j^-, \cdots, v_n^- \right] \tag{2-9}$$

式中：$v_j^* = \max_i v_{ij}$，$v_j^- = \min_i v_{ij}$。

步骤 5：计算距离 S_i^* 和 S_i^-。每个方案到理想解的距离是

$$S_i^* = \sum_{j=1}^n z_{ij}^* \quad (i = 1, 2, \cdots, m) \tag{2-10}$$

到负理想解的距离是

$$S_i^- = \sum_{j=1}^n z_{ij}^- \quad (i = 1, 2, \cdots, m) \tag{2-11}$$

其中，z_{ij}^* 和 z_{ij}^- 可分别用式（2-12）、式（2-13）来直接计算。

$$z_{ij}^* = \left| v_{ij} - v_j^* \right| \tag{2-12}$$

$$z_{ij}^- = \left| v_{ij} - v_j^- \right| \tag{2-13}$$

但若 v_{ij} 和 v_j^*、v_j^- 均是模糊数，则需要模糊贴近度的概念来刻画两模糊数之间的距离。采用扎德贴近度，则在模糊情形下，v_{ij} 与 v_j^* 和 v_{ij} 与 v_j^- 的距离分别为

$$z_{ij}^* = 1 - \left\{ \sup_u \left[v_{ij}(u) \right] \wedge v_j^*(u) \right\} \quad (i = 1, 2, \cdots, m; \, j = 1, 2, \cdots, n)$$
$$\tag{2-14}$$

$$z_{ij}^- = 1 - \left\{ \sup_u \left[v_{ij}(u) \right] \wedge v_j^-(u) \right\} \quad (i = 1, 2, \cdots, m; \, j = 1, 2, \cdots, n)$$
$$\tag{2-15}$$

步骤 6：计算每个方案与理想解的相对接近度指数 C_i，则

$$C_i = S_i^- / (S_i^- + S_i^*) \quad (i = 1, 2, \cdots, m) \tag{2-16}$$

步骤 7：根据 C_i 的大小，对方案进行排序和选优。

2.4　输弹系统故障模式危害度分析

输弹系统故障模式的危害度与系统的战备完好性、任务成功性、维修

和后勤保障费用多个因素密切关联，通常可以运用多属性决策方法进行多因素的危害度综合评估。然而，运用多属性决策方法对具体故障模式的危害度进行分析时，还存在着影响因素的界限不清、影响因素的重要程度难以精确描述的问题，通常采用模糊数或语言变量来解决上述问题。

采用模糊多属性决策方法对输弹系统进行故障模式危害度分析，综合评估某一故障模式的危害度，从而确定影响输弹系统可靠性的主要故障模式及关重件。

2.4.1　决策过程分析

运用模糊多属性决策方法对输弹系统故障模式的危害度进行决策分析时，第一步是提出问题，就是要对输弹系统的故障模式进行危害度分析；第二步是阐明问题，确定危害度分析的属性及权重；第三步是构造模型，建立决策分析表；第四步是分析评价，就是运用相关的方法进行计算；第五步是根据计算结果，对危害度进行排序，确定关键重要件。模糊多属性决策方法对输弹系统的具体决策过程如图 2-9 所示。

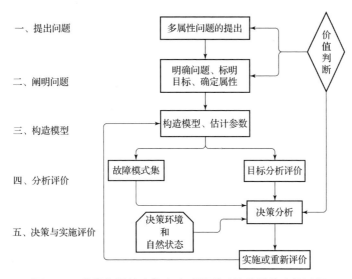

图 2-9　模糊多属性决策方法对输弹系统的具体决策过程

2.4.2 决策属性及其权重的确定

在对输弹系统故障模式的危害度进行决策时，由于决策和识别过程中的故障模式集涉及大量的不确定性，难以用清晰的数值表达真实的决策环境。同时，人的判断通常是模糊的，决策者描述权重的不确定性时，采用模糊的等级描述要比精确的数值容易。可见，采用模糊数进行模拟有时更符合实际。由于 L－R 型模糊数（梯形模糊数）相对来说能较好地反映其数学特征，所以本书采用简单易行的梯形模糊数来表示属性和权重。

定义：若 $D = (a, b, c, d)$，其中 $0 \leqslant a < b < c < d$，称 D 是梯形模糊数，其特征函数可表示为式（2－17），函数曲线如图 2－10 所示。

$$\mu_D(x) = \begin{cases} \dfrac{x-a}{b-a}, & a < x < b \\ 1, & b < x < c \\ \dfrac{x-d}{c-d}, & c < x < d \\ 0, & 其他 \end{cases} \quad (2-17)$$

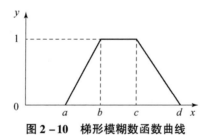

图 2－10　梯形模糊数函数曲线

1. 决策属性的确定

危害度决策属性的确定，主要考虑系统安全、功能、任务角度等方面的因素。根据以上要求并结合实际情况和专家意见，确定输弹系统故障模式的严酷度等级、发生概率等级、检测难度等级、修复难度等级作为判别故障模式危害度的属性。各属性分类准则和相关的梯形模糊数如表 2－1 ~表 2－4 所示。

表 2－1　严酷度等级分类准则

严酷度等级	分类准则	梯形模糊数
轻度（Ⅳ）	不足以导致人员伤害、有一定的经济损失或系统损坏的故障，会导致非计划维修	$[0\ \ 0.15\ \ 0.25\ \ 0.4]$
临界（Ⅲ）	会引起人员的轻度伤害、有一定的经济损失或导致任务延误或降级的系统轻度损坏	$[0.32\ \ 0.45\ \ 0.6\ \ 0.65]$
致命（Ⅱ）	引起人员的严重伤害、引起重大经济损失或导致任务失败的系统严重损坏	$[0.6\ \ 0.65\ \ 0.75\ \ 0.9]$
灾难（Ⅰ）	引起人员死亡或系统毁坏的故障	$[0.85\ \ 0.9\ \ 1.0\ \ 1.0]$

表 2－2　发生概率等级分类准则

发生概率等级	分类准则	梯形模糊数
极少发生（E 级）	发生概率小于总故障概率的 0.1%	$[0\ \ 0.1\ \ 0.15\ \ 0.3]$
很少发生（D 级）	发生概率在总故障概率的 0.1% ~ 1% 之间	$[0.2\ \ 0.25\ \ 0.35\ \ 0.4]$
偶然发生（C 级）	发生概率在总故障概率的 1% ~ 10% 之间	$[0.36\ \ 0.42\ \ 0.52\ \ 0.6]$
有时发生（B 级）	发生概率在总故障概率的 10% ~ 20% 之间	$[0.55\ \ 0.65\ \ 0.7\ \ 0.85]$
经常发生（A 级）	发生概率大于总故障概率的 20%	$[0.8\ \ 0.9\ \ 0.95\ \ 1.0]$

表 2－3　检测难度等级分类准则

检测难度等级	分类准则	梯形模糊数
极小（Ⅵ）	现行检测方法肯定可以检测出	$[0\ \ 0.05\ \ 0.15\ \ 0.25]$
很小（Ⅴ）	现行检测方法几乎肯定可以检测出	$[0.2\ \ 0.3\ \ 0.4\ \ 0.45]$
较小（Ⅳ）	现行检测方法很可能检测出	$[0.4\ \ 0.45\ \ 0.65\ \ 0.7]$
一般（Ⅲ）	现行检测方法有较多机会可以检测出	$[0.65\ \ 0.7\ \ 0.75\ \ 0.8]$
较高（Ⅱ）	现行检测方法基本上可以检测出	$[0.76\ \ 0.8\ \ 0.82\ \ 0.85]$
很高（Ⅰ）	现行检测方法只有很小的机会可以检测出	$[0.82\ \ 0.85\ \ 0.95\ \ 1.0]$

表 2-4　修复难度等级分类准则

修复难度等级	分类准则	梯形模糊数
很低（Ⅴ）	操作人员自己修复	[0　0.1　0.2　0.25]
较低（Ⅳ）	使用分队的技术员修复	[0.2　0.3　0.35　0.45]
中等（Ⅲ）	基层级修理分队修复	[0.4　0.45　0.6　0.65]
较高（Ⅱ）	中继级修理分队修复	[0.6　0.7　0.75　0.85]
很高（Ⅰ）	基地级修理分队修复	[0.8　0.9　0.92　1.0]

严酷度等级是零部件故障造成的最坏潜在后果的量度表示。可以将每一故障模式按所导致后果的损失程度进行分类。

发生概率等级是评定某个故障模式实际发生的可能性，是对应各评分等级给出的该故障模式在产品的寿命周期内发生的概率。

故障模式的检测难度等级是指零部件在工作过程中故障模式被检测出的可能性，它也是一个相对比较的等级。

修复难度等级是按照装备维修时所处场所而划分的等级，通常指进行维修工作的各级组织机构。各军兵种按其部署装备的数量和特性要求，在不同的维修机构配置不同的人力、物力，从而形成了维修能力的梯次结构，即所谓的维修等级。

2. 属性权重的确定

属性权重的确定是影响决策结果的重要环节。如实地、客观地确定各属性指标的权重是决策过程的一个重点和难点[110,111]。

输弹系统故障模式危害度的决策主要有四项属性，若采用客观赋权法，由于方案数据集合的有限性，从中并不能得到较好的权值，而采用主观赋权法，则简单易行，而且权重的分配能很好地体现决策者的意志和经验，减少主观上的随意性。

在对输弹系统的故障模式危害度进行决策时，清晰的数值不足以表现真实的决策环境，决策和识别过程中的故障模式集涉及大量的不确定性。同时由于人的判断通常是模糊的，决策者在确定权重的时候，一般采用等级来表示其不确定性，可见，采用模糊数对它进行模拟有时更符合实际。因此，一个更可行的方法是用语言值来代替清晰的数值，也就是把决策和识别中的目标与权重用语言值进行评估，然后通过引入模糊数来表示相应的语言值，如 $M = \{I, II, III, IV\}$，$I = $ "灾难"，$II = $ "致命"，$III = $ "临界"，$IV = $ "轻度"。经过调研和专家建议，确定了输弹系统故障模式危害度决策属性的权重值，如表 2 - 5 所示。

表 2 - 5　各指标权重

指标	严酷度等级	发生概率等级	检测难度等级	修复难度等级
权重	极重要	很重要	重要	较重要
梯形模糊数	[0.9　0.95 1.0　1.0]	[0.75　0.8 0.875　0.9]	[0.4　0.5 0.55　0.6]	[0.6　0.65 0.7　0.75]

2.4.3　危害度决策分析

对输弹系统的故障模式危害度进行决策，首先要研究零部件的功能、故障模式、故障原因，从而确定其故障模式的四个属性级别。针对输弹系统主要零部件的故障模式分析结果如表 2 - 6 所示。

表 2 - 6　故障模式表

序号	零件名称	功能	故障模式	故障原因	严酷度等级	发生概率等级	检测难度等级	修复难度等级
1	行军固定装置	减小对协调器传动部分的冲击	断裂	冲击、振动	IV	C	VI	V
2	右前耳轴	协调器的转动轴，确保安装精度和传动精度	塑性变形	装配误差	III	E	VI	II

序号	零件名称	功能	故障模式	故障原因	严酷度等级	发生概率等级	检测难度等级	修复难度等级
3	蜗轮	传递动力	磨损	机械摩擦、材料缺陷	III	C	IV	III
4	压簧	为链条上锁	调整不当、弹性减弱	机械摩擦、疲劳	II	D	V	III
5	导向套	导引小平衡机活塞杆	磨损	装配不当	IV	D	IV	IV
6	密封圈	密闭气体和液体	泄漏	老化、装配不当	IV	E	VI	V
7	排气塞	调整小平衡机内气压	松动	装配误差	III	D	IV	III
8	延时开关 K1、K2	实现降压启动	卡滞	保养不当	IV	D	V	V
9	内链板	连接链条	断裂磨损	疲劳、磨损	III	C	III	III
10	压壳板拉簧	使压壳板复位并使柱销插入固定座内实现自锁	弹性减弱	疲劳	II	E	V	III
11	蜗杆	传递动力	磨损	机械摩擦	III	C	IV	III
12	销轴	连接内外链板	磨损、断裂、塑性变形	机械摩擦、疲劳、冲击过大	II	C	V	III
13	外链板	连接链条	断裂、磨损	疲劳、磨损	III	C	III	III
14	链盒	限制链条运动	变形	塑性变形	II	D	IV	III
15	锁爪	开、闭锁	磨损	机械摩擦	II	E	IV	III
16	弧齿锥齿轮	传递动力	磨损	机械摩擦	III	D	III	V
17	压壳板开口销	防止压壳板脱位	断裂	装配不当或冲击振动	II	E	V	IV
18	压壳板	抽筒后规正药筒的位置	压壳位置不准	装配不当	IV	D	IV	IV
19	挂钩	带动推壳小车完成抛壳	断裂	疲劳	II	C	IV	III
20	链轮	带动输弹链条往复运动	磨损	机械摩擦	II	D	III	V

续表

序号	零件 名称	功能	故障模式	故障原因	严酷 度等 级	发生 概率 等级	检测 难度 等级	修复 难度 等级
21	液压马达	液压输出元件	泄漏	机械摩擦、 油温过高	Ⅲ	D	Ⅲ	Ⅲ
22	挡弹板 螺钉	固定挡弹板	松动	维修不当、 振动	Ⅳ	E	Ⅵ	Ⅴ
23	电磁换 向阀	控制方向	不动作	元件老化	Ⅲ	C	Ⅴ	Ⅲ
24	小平衡 机油缸	与活塞杆配合 协调器平稳运动	泄漏	油温过高、 老化	Ⅲ	E	Ⅳ	Ⅲ
25	小平衡机 活塞杆	与活塞缸配合 协调器平衡运动	研伤 变形	油液混 入杂质	Ⅳ	D	Ⅴ	Ⅴ
26	降压 启动盒	实现降压分级启动	降压电阻 不能切换	老化	Ⅲ	C	Ⅳ	Ⅲ
27	推壳小车	抛出用过的药筒	挂不上或 解脱难	装配不当	Ⅳ	E	Ⅴ	Ⅴ
28	驱动电机	为系统提供动力	内部阻力 增大	老化	Ⅲ	D	Ⅲ	Ⅲ
29	摆药油缸	传递动力	泄漏	密封圈 老化	Ⅲ	E	Ⅳ	Ⅳ
30	杠杆	为链条上锁	磨损	机械摩擦、 工艺缺陷	Ⅱ	D	Ⅴ	Ⅲ

根据表 2-6 就可以建立输弹系统的初始决策矩阵 F。

通常情况下，要对所建立的决策矩阵进行规范化，将决策矩阵中的每一个元素都保持在 [0，1] 之间取值。由于本书建立的矩阵中，使用了梯形模糊数来表示各属性的级别，并且模糊数均在 [0，1] 中，保证了决策矩阵的每个元素都在 [0，1] 之间，所以决策矩阵本身已经是规范化矩阵。

运用式 (2-7) 构造加权规范化决策矩阵 V，由于权重属性 $\omega_j(j \in M)$ 都是用梯形模糊数来表示的，所以计算出的 v_{ij} 也是模糊数，计算出的加权规范化决策矩阵 V 为

$$F = \begin{pmatrix}
0 & 0.15 & 0.25 & 0.40 & 0.36 & 0.42 & 0.52 & 0.60 & 0 & 0.05 & 0.15 & 0.25 & 0 & 0.10 & 0.20 & 0.25 \\
0.32 & 0.45 & 0.60 & 0.65 & 0 & 0.10 & 0.15 & 0.30 & 0 & 0.05 & 0.15 & 0.25 & 0.60 & 0.70 & 0.75 & 0.85 \\
0.32 & 0.45 & 0.60 & 0.65 & 0.36 & 0.42 & 0.52 & 0.60 & 0.40 & 0.45 & 0.65 & 0.70 & 0.40 & 0.45 & 0.60 & 0.65 \\
0.60 & 0.65 & 0.75 & 0.90 & 0.20 & 0.25 & 0.35 & 0.40 & 0.20 & 0.30 & 0.40 & 0.45 & 0.40 & 0.45 & 0.60 & 0.65 \\
0 & 0.15 & 0.25 & 0.40 & 0.20 & 0.25 & 0.35 & 0.40 & 0.40 & 0.45 & 0.65 & 0.70 & 0.20 & 0.30 & 0.35 & 0.45 \\
0 & 0.15 & 0.25 & 0.40 & 0 & 0.10 & 0.15 & 0.30 & 0 & 0.05 & 0.15 & 0.25 & 0 & 0.10 & 0.20 & 0.25 \\
0.32 & 0.45 & 0.60 & 0.65 & 0.20 & 0.25 & 0.35 & 0.40 & 0.40 & 0.45 & 0.65 & 0.70 & 0.40 & 0.45 & 0.60 & 0.65 \\
0 & 0.15 & 0.25 & 0.40 & 0.20 & 0.25 & 0.35 & 0.40 & 0.20 & 0.30 & 0.40 & 0.45 & 0 & 0.10 & 0.20 & 0.25 \\
0.32 & 0.45 & 0.60 & 0.65 & 0.36 & 0.42 & 0.52 & 0.60 & 0.65 & 0.70 & 0.75 & 0.80 & 0.40 & 0.45 & 0.60 & 0.65 \\
0.60 & 0.65 & 0.75 & 0.90 & 0 & 0.10 & 0.15 & 0.30 & 0.20 & 0.30 & 0.40 & 0.45 & 0.40 & 0.45 & 0.60 & 0.65 \\
0.32 & 0.45 & 0.60 & 0.65 & 0.36 & 0.42 & 0.52 & 0.60 & 0.40 & 0.45 & 0.65 & 0.70 & 0.40 & 0.45 & 0.60 & 0.65 \\
0.60 & 0.65 & 0.75 & 0.90 & 0.36 & 0.42 & 0.52 & 0.60 & 0.20 & 0.30 & 0.40 & 0.45 & 0.40 & 0.45 & 0.60 & 0.65 \\
0.60 & 0.65 & 0.75 & 0.90 & 0.36 & 0.42 & 0.52 & 0.60 & 0.65 & 0.70 & 0.75 & 0.80 & 0.40 & 0.45 & 0.60 & 0.65 \\
0.60 & 0.65 & 0.75 & 0.90 & 0.20 & 0.25 & 0.35 & 0.40 & 0.20 & 0.30 & 0.40 & 0.45 & 0.40 & 0.45 & 0.60 & 0.65 \\
0.32 & 0.45 & 0.60 & 0.65 & 0 & 0.10 & 0.15 & 0.30 & 0 & 0.05 & 0.15 & 0.25 & 0 & 0.10 & 0.20 & 0.25 \\
0.60 & 0.65 & 0.75 & 0.90 & 0.20 & 0.25 & 0.35 & 0.40 & 0.40 & 0.45 & 0.65 & 0.70 & 0.20 & 0.30 & 0.35 & 0.45 \\
0.32 & 0.45 & 0.60 & 0.65 & 0 & 0.10 & 0.15 & 0.30 & 0.65 & 0.70 & 0.75 & 0.80 & 0.20 & 0.30 & 0.35 & 0.45 \\
0.60 & 0.65 & 0.75 & 0.90 & 0.20 & 0.25 & 0.35 & 0.40 & 0.20 & 0.30 & 0.40 & 0.45 & 0.40 & 0.45 & 0.60 & 0.65 \\
0 & 0.15 & 0.25 & 0.40 & 0.36 & 0.42 & 0.52 & 0.60 & 0.40 & 0.45 & 0.65 & 0.70 & 0 & 0.10 & 0.20 & 0.25 \\
0.32 & 0.45 & 0.60 & 0.65 & 0.20 & 0.25 & 0.35 & 0.40 & 0.40 & 0.45 & 0.65 & 0.70 & 0.40 & 0.45 & 0.60 & 0.65 \\
0.32 & 0.45 & 0.60 & 0.65 & 0 & 0.10 & 0.15 & 0.30 & 0.65 & 0.70 & 0.75 & 0.80 & 0 & 0.10 & 0.20 & 0.25 \\
0 & 0.15 & 0.25 & 0.40 & 0.36 & 0.42 & 0.52 & 0.60 & 0.40 & 0.45 & 0.65 & 0.70 & 0.40 & 0.45 & 0.60 & 0.65 \\
0.32 & 0.45 & 0.60 & 0.65 & 0 & 0.10 & 0.15 & 0.30 & 0.40 & 0.45 & 0.65 & 0.70 & 0.40 & 0.45 & 0.60 & 0.65 \\
0.32 & 0.45 & 0.60 & 0.65 & 0.20 & 0.25 & 0.35 & 0.40 & 0.40 & 0.45 & 0.65 & 0.70 & 0.20 & 0.30 & 0.35 & 0.45 \\
0.60 & 0.65 & 0.75 & 0.90 & 0.20 & 0.25 & 0.35 & 0.40 & 0.20 & 0.30 & 0.40 & 0.45 & 0.40 & 0.45 & 0.60 & 0.65
\end{pmatrix}$$

$$
V =
\begin{bmatrix}
(0.000\ 0.142\ 5\ 0.25\ 0.40) & (0.27\ 0.336\ 0.455\ 0\ 0.54) & (0\ 0.025\ 0.082\ 5\ 0.15) & (0\ 0.065\ 0\ 0.140\ 0.187\ 5) \\
(0.288\ 0.427\ 5\ 0.60\ 0.65) & (0\ 0.080\ 0.131\ 3\ 0.27) & (0\ 0.025\ 0.082\ 5\ 0.15) & (0.36\ 0.455\ 0\ 0.525\ 0.637\ 5) \\
(0.288\ 0.427\ 5\ 0.60\ 0.65) & (0.27\ 0.336\ 0.455\ 0\ 0.54) & (0.16\ 0.225\ 0.357\ 5\ 0.42) & (0.24\ 0.292\ 5\ 0.420\ 0.487\ 5) \\
(0.540\ 0.617\ 5\ 0.75\ 0.90) & (0.15\ 0.200\ 0.306\ 2\ 0.36) & (0.08\ 0.150\ 0.220\ 0\ 0.27) & (0.24\ 0.292\ 5\ 0.420\ 0.487\ 5) \\
(0.000\ 0.142\ 5\ 0.25\ 0.40) & (0.15\ 0.200\ 0.306\ 2\ 0.36) & (0.16\ 0.225\ 0.357\ 5\ 0.42) & (0.12\ 0.195\ 0\ 0.245\ 0.337\ 5) \\
(0.288\ 0.427\ 5\ 0.60\ 0.65) & (0\ 0.080\ 0.131\ 3\ 0.27) & (0\ 0.025\ 0.082\ 5\ 0.15) & (0\ 0.065\ 0\ 0.140\ 0.187\ 5) \\
(0.000\ 0.142\ 5\ 0.25\ 0.40) & (0.15\ 0.200\ 0.306\ 2\ 0.36) & (0.16\ 0.225\ 0.357\ 5\ 0.42) & (0.24\ 0.292\ 5\ 0.420\ 0.487\ 5) \\
(0.288\ 0.427\ 5\ 0.60\ 0.65) & (0.15\ 0.200\ 0.306\ 2\ 0.36) & (0.08\ 0.150\ 0.220\ 0\ 0.27) & (0\ 0.065\ 0\ 0.140\ 0.187\ 5) \\
(0.540\ 0.617\ 5\ 0.75\ 0.90) & (0.27\ 0.336\ 0.455\ 0\ 0.54) & (0.26\ 0.350\ 0.412\ 5\ 0.48) & (0.24\ 0.292\ 5\ 0.420\ 0.487\ 5) \\
(0.288\ 0.427\ 5\ 0.60\ 0.65) & (0.15\ 0.200\ 0.306\ 2\ 0.36) & (0.08\ 0.150\ 0.220\ 0\ 0.27) & (0.24\ 0.292\ 5\ 0.420\ 0.487\ 5) \\
(0.540\ 0.617\ 5\ 0.75\ 0.90) & (0.27\ 0.336\ 0.455\ 0\ 0.54) & (0.08\ 0.150\ 0.220\ 0\ 0.27) & (0.24\ 0.292\ 5\ 0.420\ 0.487\ 5) \\
(0.540\ 0.617\ 5\ 0.75\ 0.90) & (0.27\ 0.336\ 0.455\ 0\ 0.54) & (0.26\ 0.350\ 0.412\ 5\ 0.48) & (0.24\ 0.292\ 5\ 0.420\ 0.487\ 5) \\
(0.540\ 0.617\ 5\ 0.75\ 0.90) & (0.27\ 0.336\ 0.455\ 0\ 0.54) & (0.16\ 0.225\ 0.357\ 5\ 0.42) & (0.24\ 0.292\ 5\ 0.420\ 0.487\ 5) \\
(0.288\ 0.427\ 5\ 0.60\ 0.65) & (0.15\ 0.200\ 0.306\ 2\ 0.36) & (0.26\ 0.350\ 0.412\ 5\ 0.48) & (0.24\ 0.292\ 5\ 0.420\ 0.487\ 5) \\
(0.540\ 0.617\ 5\ 0.75\ 0.90) & (0.27\ 0.336\ 0.455\ 0\ 0.54) & (0.08\ 0.150\ 0.220\ 0\ 0.27) & (0.24\ 0.292\ 5\ 0.420\ 0.487\ 5) \\
(0.000\ 0.142\ 5\ 0.25\ 0.40) & (0.15\ 0.200\ 0.306\ 2\ 0.36) & (0.16\ 0.225\ 0.357\ 5\ 0.42) & (0\ 0.065\ 0\ 0.140\ 0.187\ 5) \\
(0.540\ 0.617\ 5\ 0.75\ 0.90) & (0\ 0.080\ 0.131\ 3\ 0.27) & (0.08\ 0.150\ 0.220\ 0\ 0.27) & (0.12\ 0.195\ 0\ 0.245\ 0.337\ 5) \\
(0.288\ 0.427\ 5\ 0.60\ 0.65) & (0.15\ 0.200\ 0.306\ 2\ 0.36) & (0.16\ 0.225\ 0.357\ 5\ 0.42) & (0.12\ 0.195\ 0\ 0.245\ 0.337\ 5) \\
(0.288\ 0.427\ 5\ 0.60\ 0.65) & (0.27\ 0.336\ 0.455\ 0\ 0.54) & (0\ 0.025\ 0.082\ 5\ 0.15) & (0.24\ 0.292\ 5\ 0.420\ 0.487\ 5) \\
(0.000\ 0.142\ 5\ 0.25\ 0.40) & (0\ 0.080\ 0.131\ 3\ 0.27) & (0.16\ 0.225\ 0.357\ 5\ 0.42) & (0\ 0.065\ 0\ 0.140\ 0.187\ 5) \\
(0.288\ 0.427\ 5\ 0.60\ 0.65) & (0.27\ 0.336\ 0.455\ 0\ 0.54) & (0.26\ 0.350\ 0.412\ 5\ 0.48) & (0.24\ 0.292\ 5\ 0.420\ 0.487\ 5) \\
(0.000\ 0.142\ 5\ 0.25\ 0.40) & (0.15\ 0.200\ 0.306\ 2\ 0.36) & (0.26\ 0.350\ 0.412\ 5\ 0.48) & (0\ 0.065\ 0\ 0.140\ 0.187\ 5) \\
(0.288\ 0.427\ 5\ 0.60\ 0.65) & (0.27\ 0.336\ 0.455\ 0\ 0.54) & (0\ 0.025\ 0.082\ 5\ 0.15) & (0.24\ 0.292\ 5\ 0.420\ 0.487\ 5) \\
(0.288\ 0.427\ 5\ 0.60\ 0.65) & (0.15\ 0.200\ 0.306\ 2\ 0.36) & (0.08\ 0.150\ 0.220\ 0\ 0.27) & (0.12\ 0.195\ 0\ 0.245\ 0.337\ 5) \\
(0.288\ 0.427\ 5\ 0.60\ 0.65) & (0.27\ 0.336\ 0.455\ 0\ 0.54) & (0.16\ 0.225\ 0.357\ 5\ 0.42) & (0.24\ 0.292\ 5\ 0.420\ 0.487\ 5) \\
(0.288\ 0.427\ 5\ 0.60\ 0.65) & (0.27\ 0.336\ 0.455\ 0\ 0.54) & (0.08\ 0.150\ 0.220\ 0\ 0.27) & (0.24\ 0.292\ 5\ 0.420\ 0.487\ 5) \\
(0.000\ 0.142\ 5\ 0.25\ 0.40) & (0\ 0.080\ 0.131\ 3\ 0.27) & (0.16\ 0.225\ 0.357\ 5\ 0.42) & (0.12\ 0.195\ 0\ 0.245\ 0.337\ 5) \\
(0.540\ 0.617\ 5\ 0.75\ 0.90) & (0.15\ 0.200\ 0.306\ 2\ 0.36) & (0.08\ 0.150\ 0.220\ 0\ 0.27) & (0.24\ 0.292\ 5\ 0.420\ 0.487\ 5)
\end{bmatrix}
$$

在求解理想解和负理想解时，由于第 i 个方案的第 j 个属性的加权模糊评价值 v_{ij} 是一个模糊数，通过解模糊可以将模糊数转换为精确量，得到的精确量被称为解模糊量。重心法[112]是一种最为常用的解模糊法，可以对每一方案各属性的加权模糊评价值实现解模糊。$v_{ij} = (a_{ij}, b_{ij}, c_{ij}, d_{ij})$ $(i = 1, 2, \cdots, m; j = 1, 2, \cdots, n)$ 是一个梯形模糊数，它的解模糊量可以表示为

$$v'_{ij} = \begin{cases} a_{ij}, & a_{ij} = b_{ij} = c_{ij} = d_{ij} \\ \dfrac{d_{ij}^2 + c_{ij}^2 - b_{ij}^2 - a_{ij}^2 + d_{ij}c_{ij} - b_{ij}a_{ij}}{3(d_{ij} + c_{ij} - b_{ij} - a_{ij})}, & \text{其他} \end{cases} \qquad (2-18)$$

依据式（2-18）计算 V 中诸元素的 v'_{ij}，求得的结果为

$$V' = \begin{bmatrix}
0.198\,5 & 0.463\,3 & 0.066\,0 & 0.097\,5 \\
0.540\,5 & 0.123\,7 & 0.066\,0 & 0.619\,6 \\
0.540\,5 & 0.463\,3 & 0.312\,3 & 0.411\,6 \\
0.902\,0 & 0.277\,9 & 0.187\,4 & 0.411\,6 \\
0.198\,5 & 0.277\,9 & 0.312\,3 & 0.243\,2 \\
0.198\,5 & 0.123\,7 & 0.066\,0 & 0.097\,5 \\
0.540\,5 & 0.277\,9 & 0.312\,3 & 0.411\,6 \\
0.198\,5 & 0.277\,9 & 0.187\,4 & 0.097\,5 \\
0.540\,5 & 0.463\,3 & 0.454\,3 & 0.411\,6 \\
0.902\,0 & 0.123\,7 & 0.187\,4 & 0.411\,6 \\
0.540\,5 & 0.463\,3 & 0.312\,3 & 0.411\,6 \\
0.902\,0 & 0.463\,3 & 0.187\,4 & 0.411\,6 \\
0.540\,5 & 0.463\,3 & 0.454\,3 & 0.411\,6 \\
0.902\,0 & 0.277\,9 & 0.066\,0 & 0.411\,6 \\
0.902\,0 & 0.123\,7 & 0.312\,3 & 0.411\,6 \\
0.540\,5 & 0.277\,9 & 0.454\,3 & 0.097\,5 \\
0.902\,0 & 0.123\,7 & 0.187\,4 & 0.243\,2 \\
0.198\,5 & 0.277\,9 & 0.312\,3 & 0.243\,2 \\
0.902\,0 & 0.463\,3 & 0.312\,3 & 0.411\,6
\end{bmatrix}$$

$$\begin{bmatrix} 0.902\,0 & 0.277\,9 & 0.454\,3 & 0.097\,5 \\ 0.540\,5 & 0.277\,9 & 0.454\,3 & 0.411\,6 \\ 0.198\,5 & 0.123\,7 & 0.066\,0 & 0.097\,5 \\ 0.540\,5 & 0.463\,3 & 0.187\,4 & 0.411\,6 \\ 0.540\,5 & 0.123\,7 & 0.312\,3 & 0.411\,6 \\ 0.198\,5 & 0.277\,9 & 0.187\,4 & 0.097\,5 \\ 0.540\,5 & 0.463\,3 & 0.312\,3 & 0.411\,6 \\ 0.198\,5 & 0.123\,7 & 0.187\,4 & 0.097\,5 \\ 0.540\,5 & 0.277\,9 & 0.312\,3 & 0.411\,6 \\ 0.540\,5 & 0.123\,7 & 0.312\,3 & 0.243\,2 \\ 0.902\,0 & 0.277\,9 & 0.187\,4 & 0.411\,6 \end{bmatrix}$$

由此可以得到理想解和负理想解

$$v_j^* = (0.902\,0 \quad 0.463\,3 \quad 0.454\,3 \quad 0.619\,6)$$

$$v_j^- = (0.198\,5 \quad 0.123\,7 \quad 0.066\,0 \quad 0.097\,5)$$

依据式（2－10）至式（2－16）计算每个故障模式分别与正、负理想解的距离，以及与理想解的相对接近度指数，如表2－7所示。

根据 C_i 的大小，可以对输弹系统各零部件的故障模式进行危害度排序，按从大到小的方式排序得：$C_{19} > C_{12} > C_{13} = C_9 > C_{30} = C_4 > C_{15} > C_{20} > C_{26} = C_{11} = C_3 > C_{21} > C_{14} > C_{10} > C_{23} > C_{28} = C_7 > C_{17} > C_{24} > C_{16} > C_2 > C_{29} > C_{18} = C_5 > C_1 > C_{25} = C_8 > C_{27} > C_{22} = C_6$。

2.4.4　关重件的确定

按照危害度的影响程度进行输弹系统的故障模式排序，进而确定输弹系统的关重件，如表2－8所示。

从表2－8中所列举的关重件可以看出，输弹系统的关重件相对集中，主要集中于输弹机，而且排序均比较靠前，表明输弹机的可靠性指标对整个输弹系统的正常工作起着至关重要的作用。因此，围绕输弹机开展可靠性研究和系统优化对于提高整个输弹系统的任务可靠性具有重要意义。

表 2 - 7 各故障模式的 S_i^*、S_i^- 和 C_i

i	1	2	3	4	5	6	7	8	9	10
S_i^*	1.613 9	1.089 4	0.711 5	0.660 3	1.407 3	1.953 5	0.896 9	1.677 9	0.569 5	0.814 5
S_i^-	0.339 6	0.864 1	1.242 0	1.293 2	0.546 2	0	1.056 6	0.275 6	1.384 0	1.139 0
C_i	0.173 8	0.442 3	0.635 8	0.662 0	0.279 6	0	0.540 9	0.141 1	0.708 5	0.583 1
i	11	12	13	14	15	16	17	18	19	20
S_i^*	0.711 5	0.474 9	0.569 5	0.781 7	0.689 6	1.069 0	0.982 9	1.407 3	0.350 0	0.707 5
S_i^-	1.242 0	1.478 6	1.384 0	1.171 8	1.263 9	0.884 5	0.970 6	0.546 2	1.603 5	1.246 0
C_i	0.635 8	0.756 9	0.708 5	0.599 8	0.647 0	0.452 8	0.496 9	0.279 6	0.820 8	0.637 8
i	21	22	23	24	25	26	27	28	29	30
S_i^*	0.754 9	1.953 5	0.836 4	1.051 1	1.677 9	0.711 5	1.832 1	0.896 9	1.219 5	0.660 3
S_i^-	1.198 6	0	1.117 1	0.902 4	0.275 6	1.242 0	0.121 4	1.056 6	0.734 0	1.293 2
C_i	0.613 6	0	0.571 8	0.461 9	0.141 1	0.635 8	0.062 1	0.540 9	0.375 7	0.662 0

表 2 - 8　输弹系统的关重件

序号	关重件	失效模式
1	挂钩	疲劳断裂
2	销轴	疲劳断裂、磨损
3	外链板	疲劳断裂、磨损
4	内链板	疲劳断裂、磨损
5	杠杆	磨损
6	压簧装配	弹性减弱
7	锁爪	磨损
8	链轮	磨损
9	降压启动盒	元件老化
10	蜗轮	磨损

2.5　本章小结

在分析输弹系统结构组成和工作原理的基础上，运用故障树分析法建立了输弹系统的故障树，并对故障树进行了定性分析；运用模糊多属性决策的方法进行了输弹系统的故障模式危害度决策分析和关重件的确定；决策结果表明，输弹系统的关重件主要集中于输弹机，因此，围绕输弹机开展可靠性研究和设计优化对于提高整个输弹系统的任务可靠性具有重要意义。

第**3**章

输弹系统仿真平台开发

　　输弹系统是机电液一体化的复杂系统，其工作过程在控制系统作用下表现出了复杂的动力学行为。要对这种复杂系统进行精确的动力学仿真研究，一种比较好的解决方案就是用专业的 CAE（计算机辅助工程）软件、专业的动力学仿真软件和液压控制系统软件进行联合建模，即先用 CAE 软件精确建立复杂机械系统各零部件的三维实体模型和机构装配模型，而后转化到专业的动力学仿真软件下，添加力和约束，在 EASY5 中建立液压控制模型，通过 ADAMS/Controls 模块实现与 ADAMS 的连接，最终建立虚拟样机，并进行校核。本章以美国 PTC（Parametric Technology Corporation，参数技术公司）Pro/E 软件和美国 MSC 公司的 ADAMS 软件、EASY5 软件联合方针方法为例，建立输弹系统虚拟样机模型，以期向读者介绍复杂系统虚拟样机仿真平台的开发过程。本章运用虚拟样机技术，以某大口径自动输弹系统为对象，基于机电液耦合协同仿真平台，建立输弹系统三维实体模型、液压系统模型和控制系统模型，共同构成输弹系统虚拟样机；验证了虚拟样机的可信度，为后续的输弹系统可靠性研究和参数优化研究奠定了基础。

3.1　复杂系统协同仿真

所研究的自动输弹系统是集机械、液压和控制于一体的复杂非线性系统，其虚拟样机的开发涉及多学科、多领域以及机、电、液的耦合，必须基于协同仿真框架才能实现其虚拟样机的开发。

3.1.1　协同仿真方法

目前，多学科多领域的协同仿真方法很多，如基于 HLA（High Level Architecture，高层架构）的方法、基于软件接口的方法、基于元模型的方法、基于统一仿真模型的方法、基于语义的组件化方法等[113-117]。其中基于软件接口的方法是目前最为成熟的协同仿真方法，它首先充分利用各类仿真软件自身的优势，利用单领域仿真软件完成其所属领域的建模，然后利用不同领域软件间的接口，实现多领域仿真模型数据的实时、动态传递和求解。目前，以美国的 MSC. ADAMS + EASY5 和比利时的 LMS Virtual. Lab + Imagine. Lab AMESim 最具有代表性，具有精确分析系统的多学科专业耦合性能的能力，能够实现包括机、电、液、热及控制间相互耦合的复杂系统仿真。

运用 MSC. ADAMS + EASY5 软件系统，采用基于软件接口的协同仿真方法，对输弹系统进行仿真研究。MSC. EASY5 是一款功能强大的控制系统和多学科动态系统建模与分析软件，可以完成输弹系统装置的液压、电气及控制系统的建模与分析。MSC. ADAMS 是目前使用最为广泛的多体系统动力学软件，能够实现输弹系统的机械系统建模与分析。MSC. EASY5 和 MSC. ADAMS 之间具有功能强大的数据接口，能够实现无缝接合，联合仿真以及数据调用均达到了最佳效果，是进行复杂机、电、液耦合系统的动态分析的理想工具。

3.1.2　协同建模方案

输弹系统协同仿真建模流程如图 3-1 所示。首先在 PTC. Pro/E 中对输弹系统的机械系统进行三维实体建模，然后通过 Mech/Pro 将三维实体模型定义刚体，并导入 MSC. ADAMS 中进行约束和力的施加，进而建立机械系统多体动力学模型。液压、电气和控制系统在 MSC. EASY5 中建立，通过软件之间的协同仿真实现输弹系统工作过程的模拟。

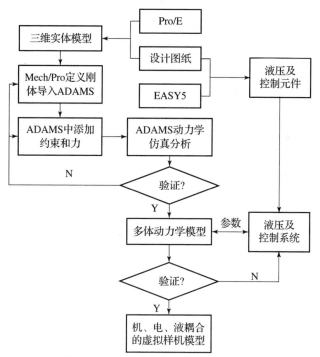

图 3-1　输弹系统协同仿真建模流程

3.1.3　协同求解方案

从求解方式上来划分，MSC. ADAMS 和 MSC. EASY5 协同仿真求解方案有嵌入式仿真（Inbuilt Simulation）和联合仿真（Co - Simulation）两种。

（1）嵌入式仿真模式：MSC. ADAMS + MSC. EASY5 的嵌入式仿真方法有函数评价（Function Evaluation）和导入控制两种模式。函数评价模式的具体方法是将 ADAMS 多体系统动力学模型以一套 ODE（Ordinary Differential Equations）的形式加入 EASY5 液压、电气及控制系统模型中，使用 EASY5 求解器求解所有模型，ODE 组可以反复使用，更适合于控制方案的设计评价。导入控制模式是将 EASY5 模型以一套 GSE（General State Equations）形式动态链接库（. dll）导入 ADAMS 模型中，采用 ADAMS 求解器求解所有模型。

（2）联合仿真模式：此种模式中 ADAMS 和 EASY5 分别求解各自模型，以设定的数据交互步长进行数据通信。这种模式便于对各部分模型进行修改，但由于本书所研究的动力学系统模型刚体数目大、接触多，仿真计算时占用大量的内存空间，对计算机提出苛刻的要求，试验表明采用联合仿真的模式不仅效率低，且仿真容易出现意外终止，不能保证仿真求解过程连续顺利地进行，因而不适合采用这种求解方法。

与联合仿真模式相比，嵌入式仿真模式的数据传递效率和计算速度更加理想。本章采用导入控制求解模式，通过将液压系统关键参数以变量形式导入 ADAMS 的方式实现液压系统的参数化，在 ADAMS 中即可修改液压系统参数，实现在单个平台下的多领域协同仿真分析。为节省计算资源，提高仿真效率，避免在大型计算时因计算结构驻留内存导致的仿真意外中止和数据丢失以及处理多接触问题时出现的接触突然消失问题，将 ADAMS 协同仿真模型导出成 ∗. adm 文件，采用批处理指令调用 ADAMS/Sover 求解器对模型进行外部求解。

3. 2 输弹系统三维实体建模

三维实体模型的建立是建立虚拟样机的第一步，同时也是非常关键的一步。建立实体模型的意义在于以下几方面。

（1）为动力学分析提供各零部件的尺寸、质量、质心位置和转动惯量等信息，以便 ADAMS 自动建立动力学方程。

（2）通过实体模型能更真实准确地确定约束和载荷的施加位置。

（3）便于仿真过程可视化和仿真结果的动画回放。

运用 ADAMS 建立机械系统虚拟样机时，三维实体建模是烦琐、占用时间较多的工作，但在这个过程中可以加深对机构的认识，同时可以对模型进行必要的简化以减轻建模工作量。

建模完成后必须对模型进行校核，不仅要对实体模型的尺寸、装配精度等几何信息进行校核，还要对模型的密度、质量、转动惯量等物理信息进行校核，这些信息直接提供给 ADAMS 建立动力学方程。

3.2.1　建模分析

由于我们要考虑的是输弹系统在 ADAMS 中的运动学、动力学仿真问题，因此在进行输弹系统建模之前，必须对实际的模型进行简化。这样不仅可以节省大量的建模时间，也可以保证 ADAMS 的仿真及分析过程能够顺利进行。同时，由于 ADAMS 在进行运动学、动力学求解时，只考虑零件的质心和质量，而对零件的外部形状不予考虑，因此在模型中精确地描述出复杂的零件外形，并没有多大的实际意义。当然，零件形体描述得越准确，ADAMS 自动求出的零件质量和质心位置也就越精确，但复杂零件的建模并不是 ADAMS 的特长，这样做的代价是将大量的时间花费在建模上，并会大大降低 ADAMS 仿真和分析的运行效率。要想得到零件的准确质量和质心位置，可以通过其他擅长复杂零件建模的软件进行建模，再将模型的相关数据导入 ADAMS 中。当然，我们不需要因为 Pro/E 有对复杂零件的建模功能而完全按照输弹系统的外形构造进行建模，只要在不改变零件质量、质心位置和整体外形尺寸的前提下，通过简化的模型进行输弹系统的建模。

3.2.2 Pro/E 软件简介

Pro/E 是美国参数技术公司推出的世界领先的机械设计自动化（Mechanical Design Automation）应用软件，可用于许多行业，如航空航天、汽车、模具、外观设计、信息家电和通信等。Pro/E 是一个适用于机械产品、模具等产品设计并具有基于单一数据库、参数化设计、行为建模能力、特征造型、全相关性等特性的 CAD/CAE/CAM 软件系统。Pro/E 系统主要功能如下[118]。

（1）真正的全相关性，任何地方的修改都自动反映到所有相关地方。

（2）具有真正管理并发进程、实现并行工程的能力。

（3）具有强大的装配功能，能够始终保持设计者的设计意图。

（4）容易使用，可以极大地提高设计效率。

Pro/E 具有的这些功能，使其非常适合于机械产品的开发设计，并运用其参数化功能方便地进行系列化产品的开发。

3.2.3 输弹系统模型建立

在 Pro/E 软件环境下，机械三维建模应该严格按照设计构思或者以前期图纸为依据进行，尽量保持三维图形数据的完整和正确性。

概括地讲，Pro/E 中创建基于特征的三维实体模型的过程如同零件的加工制造和使用过程。从特征的角度看，任何复杂的机械零件都可以看成由一些简单的特征所组成，一个零件的建模过程，实际就是许多个简单特征相互之间叠加、切割或相交的操作过程。依据创建顺序可将构成零件的特征分为基本特征（Base Feature）和构造特征（Construction Feature）两类：最先建立的基本特征，作为零件的基本结构要素，它常代表零件最基本的形状；基本特征之外的其他特征统称为构造特征。进行零件建模前，一般应进行深入的特征分析，弄清楚零件由哪几个特征组成，明确各个特征的形状，之间的相对位置和表面连接关系，按照特征的主次和一定的顺序进行建模。零件的实体建模的基本过程可由如下几个基本步骤组成。

（1）进入零件设计模式。

（2）分析零件特征，并确定特征创建顺序。

（3）创建、修改基本特征。通常基本特征是草绘特征或3个正交的默认基准平面。

（4）创建、修改其他构造特征。

（5）所有特征完成，储存零件模型。

图3-2所示为三维模型的一般建模过程。

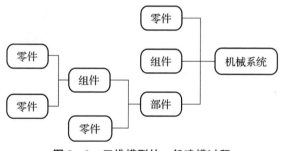

图3-2　三维模型的一般建模过程

我们以设计图纸为依据，在不影响精度的前提下适当简化系统，基于三维建模软件Pro/E，进行输弹机及其可靠性强化试验装置机械系统的三维实体建模。

1. 零件建模

三维实体模型以零件图为依据。在进行三维实体建模的过程中，在不影响计算精度的前提下，可以省略不必要的倒角、键槽及工艺孔等，从而减少三维建模的工作量，提高动力学仿真效率。输弹系统的机械子系统经简化后的模型包含362个零件，部分零件模型如图3-3所示。

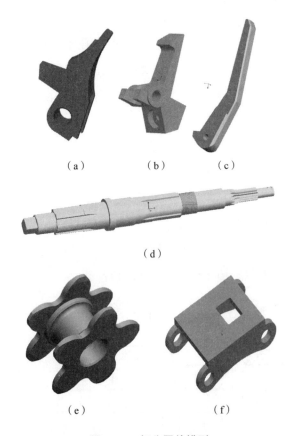

图 3 – 3   部分零件模型

（a）棘爪；（b）挂钩；（c）杠杆；（d）主轴；（e）链轮；（f）外链板

2. 零件装配

以装配图为根据，利用 Pro/E 装配模块对零件模型进行装配。首先把零件装配成组件，再将组件进行组合形成整机总装模型。部分组件三维实体模型如图 3 – 4 所示。

将组件进行装配，得到输弹系统模型如图 3 – 5 所示。完成实体建模后，需对模型的尺寸、装配精度等几何信息以及密度、质量、转动惯量等物理信息进行检查，以确保所建立的模型能真实反映物理样机。

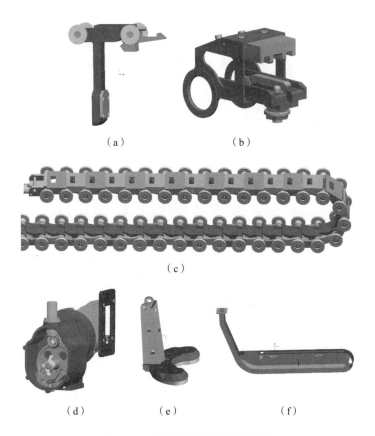

图 3 - 4　部分组件三维实体模型

（a）推壳小车；（b）上解锁机构；（c）链条装配；（d）传动箱体装配；

（e）链头装配；（f）链盒装配

图 3 - 5　输弹系统模型

3.3　输弹系统多体动力学模型

3.3.1　ADAMS 软件简介

ADAMS 即机械系统动力学自动分析，该软件是美国 MDI（Mechanical Dynamics Inc，现已被 MSC 并购）开发的虚拟样机分析软件。ADAMS 采用世界上广泛流行的多刚体系统动力学理论中的拉格朗日方程方法，建立系统的动力学方程。它选取系统内每个刚体质心在惯性参考系中的 3 个直角坐标和确定刚体方程的 3 个欧拉角作为笛卡儿广义坐标，用带乘子的拉格朗日方程处理具有冗余坐标的完整约束或非完整约束系统，导出以笛卡儿广义坐标为变量的运动学方程。ADAMS 的计算程序还应用了吉尔（Gear）的刚性积分算法以及稀疏矩阵技术，大大提高了计算效率。

ADAMS 采用虚拟样机技术，将多体系统动力学建模方法与大位移、非线性分析求解功能相结合，全面仿真运动中物体的信息及运动过程。其功能和优点主要表现在以下方面。

（1）实时动态模拟和检测。

（2）对系统故障诊断及优化。

（3）数据接口友好。

ADAMS/Solver（求解器）与 ADAMS/View（图形建模模块）是其核心模块，此外还有一些其他专业分析模块。

ADAMS 采用拉格朗日方程建立系统的动力学方程，在 ADAMS 软件环境中对机械系统分析的一般步骤是：建立系统的三维实体模型—定义系统内部拓扑关系和约束关系—动力学模型求解—结果后处理。

传统的动力学仿真因受到计算机软件和硬件的制约，仿真结果仅为数据或规律曲线，不能很直观地看到模型在仿真过程中的动作，而且不易检验结果的对错。ADAMS 提供了基于 ADAMS/View 平台的实时的仿真可视化功能，使得上面的问题得以解决。在 ADAMS/View 环境下，研究对象是定义了相对运动的三维零部件，这些三维实体可以给其着不同的颜色，调整光照的强度，在不同角度和视角进行观察；可以设置三维实体的显示与否，观察模型内部的结构和运动情况；求解时，求解器获得的每一步迭代结果都可实时地在 ADAMS/View 环境中显示出来，包括物体的位移、姿态、力的方向、约束关系是否破坏等；在仿真过程中，用户可以就自己关心的参数建立图表框，该参数的每一步迭代结果在图表框中动态刷新，直接得到它的变化曲线；整个仿真过程结束后，可以实现仿真过程的动画回放，直观地观测仿真结果。总之，可通过编辑 ADAMS 环境中实体模型的颜色、光照方向及强度、建立实时的图表框、回放动画等手段，使仿真过程可视、直观而便于监控。

3.3.2　虚拟样机参数分析

在输弹系统仿真模型建立后，模型参数的精度，是影响模型分析精度的主要因素。因此，对于模型参数的准备工作，必须引起仿真分析人员高度重视。建立输弹系统仿真模型所需的参数，可以总结归纳为四类：运动学（几何定位）参数、质量参数（质量、质心与转动惯量等）、力学特性参数（刚度、阻尼等特性）与外界参数（射角、本发联动等）。获得模型参数有数种方法：图纸查阅法、试验法、计算法、CAD 建模法等。

1. 运动学参数

运动学参数，即输弹系统的相关运动部件的几何定位参数。在应用多体系统动力学理论建立输弹系统仿真模型时，需要依据输弹系统的具体结构形式，在模型中输入各运动部件之间的安装连接位置与相对角度等参数。这些参数决定了输弹系统各运动部件的空间运动关系。

运动学参数，一般可以在自行火炮的设计图纸中查得。应该注意的是，各运动部件的相对连接位置，应在统一的参考坐标系中测量。在无法获得如输弹系统总布置图这样的图纸时，可以在掌握一些基本参数的基础上，如运动部件的几何外形参数与防护舱的距离等，通过作图法获得运动学参数。在通常情况下，如果无法采取上述方法，可以考虑利用三坐标测量仪取得输弹系统的几何定位参数。

2. 质量参数

在输弹系统中，系统本身的质量、质心位置、转动惯量等决定了系统的特性。质量参数由各个运动部件的质量、质心位置、转动惯量等参数组成。其中，质心位置、转动惯量等与测量时选取的参考坐标有关，必要时应注明参考坐标。

零部件的质量，一般应在设计图纸上查取。但应注意到零件与多体意义上的运动部件的差别。在多体系统动力学中，只要在运动过程中时刻具有相同的运动轨迹并具有特定的联系，如通过各种方法固定在一起的零部件，就是一个运动部件，又如托弹盘与转臂也是一个运动部件。一个运动部件应只有一个共同的质心位置与转动惯量。

运动部件的质心位置与转动惯量的参数，可以通过称重、计算、试验等方法获得。CAD 技术的发展，提供了测量运动部件质心位置与转动惯量的新方法。在目前市场领先的三维实体建模 CAD 软件中，IBM 公司与法国 Dassult 联合推出的 CATIA，SDRC 公司的 I‑DEAS，EDS 公司的 Unigraphic，PTC 公司的 Pro/E 四种软件都具有在指定参考坐标系中分析零部件及零部件总成的质心位置与转动惯量的功能。

3. 力学特性参数

力学特性参数一般指系统的刚度、阻尼等特性。这些零部件的特性对输弹系统的各项性能、特别是输弹的稳定性和精确性等具有决定性影响。输弹系统有关零部件的刚度、阻尼等特性，一般也可在设计图纸中查得，如翻转油缸、摆药油缸工作动态特性等参数，一般必须通过试验测得。

4. 外界参数

输弹系统的使用环境，包含进行输弹系统动力学仿真的外界条件。这些外界条件众多，如火炮的射角，本发联动还是多发联动等，都是影响输弹系统动力学性能的外界条件。

3.3.3　Pro/E 模型和 ADAMS 模型转换

如前所述，ADAMS/View 的建模功能允许建立简单的样机结构模型，但是由于 ADAMS 建模功能相对较弱，无法构建更复杂的机械结构模型，因此，常利用其他三维 CAD 软件 Pro/E 构建样机结构再转换为 ADAMS 可以接受的文件。将 Pro/E 中建立好的装配模型导入 ADAMS 中的方法主要有两种。

第一种方法是利用无缝接口模块 Mechanism/Pro 将 Pro/E 中的模型导入 ADAMS 中，这种方法是最常用的方法，它能够非常好地保持模型的物理特性和几何特性，但是它导入 ADAMS 后实体的文件类型为 shell 类型，这就使得在做实体碰撞的过程中增加了计算机检测碰撞的工作量，其直接的后果是计算量比较大，计算缓慢，并且在计算过程中易产生奇异矩阵，造成不能计算或者计算结果明显不符合实际情况。

第二种方法是将 Pro/E 中模型保存成中间格式，然后再利用 ADAMS 中 File/Import 功能将保存成中间格式的文件导入 ADAMS 中，这个中间格式一般选取的是 Parasolid 类型，这个类型文件导入 ADAMS 后零件的文件类型是 Solid 型，这就有利于实体碰撞的检测和计算，但其缺点是导入后的模型不能很好地保持模型的物理特性和几何特性，比较严重时会使得零件模型仅有壳体，没有质量属性，并且 ADAMS 不能对其进行计算。

采用以上两种方法结合的方式进行导入，首先利用第一种方法将模型中的部件都导入 ADAMS 中，但其中有一些部件结构比较复杂，通过在导入时生成的 slp 文件判断出哪些文件导入失败，在导入的 ADAMS 模型中找到这些文件并将其删除，然后将这些零件利用第二种方法转换成中间格式的 Parasolid 文件，再输入 ADAMS 中。

3.3.4　拓扑关系定义

多体系统各物体的联系方式称为系统的拓扑构型，简称拓扑。任意一个多体系统的拓扑构型可用拓扑关系图表达。每个物体记作 $B_i(i=1，\cdots，N)$，N 为系统中物体的个数。铰用一条连接邻接物体的有向线段表示，记作 $H_j(j=1，2，3\cdots)$。下标 $i，j$ 分别表示物体与铰的序号。B_0 表示系统外运动为已知的物体。将铰定义为有向的目的有两个，一是在两个邻接物体中定义一个参考物，以描述另一个物体的相对运动；二是定义邻接物体间作用力与反作用力的方向。

多刚体系统拓扑关系图中物体与铰的标号一般没有限制。为描述方便，引入如下标号规则[118]：①与 B_0 邻接物体记为 B_1，关联的铰为 H_j；②每个物体与其内接铰的序号相同；③每个物体的序号大于其内接刚体的序号；④每个铰的指向一律背离 B_0 方向。通常，从 B_1 开始用递增数列一个分支一个分支进行标号，直至所有物体都有标号为止。对于非树系统，先按上述方法对其派生系统进行标号，然后依次对切断铰补上序号，其方向由小序号物体指向大序号物体。

ADAMS 软件自动建立系统的动力学方程，虽然工作量大大地减少，但由此而来系统的拓扑关系和物体之间的约束关系将显得非常重要。由于是三维实体的分析，实体模型和约束的简化或近似处理会受到大大的限制，建模要求最大限度地符合物理实际。

设全局参考系的原点 O_0 与 ADAMS 平台的缺省坐标原点重合，X_0 轴正向由主动组合链轮中心指向从动轮组合链中心，Y_0 轴竖直向上，Z_0 轴由右手规则确定。

根据实际结构建立的输弹系统的拓扑关系和约束关系如下。

（1）协调器本体与静参考系铰接，定义它只可绕坐标系 $(O_1X_1Y_1Z_1)$ 的 O_1Z_1 轴转动。坐标系 $(O_1X_1Y_1Z_1)$ 原点位于耳轴中心且 O_1Z_1 轴与耳轴重合。

（2）托弹盘与协调器本体铰接，定义它只可绕坐标系（$O_2X_2Y_2Z_2$）的 O_2Z_2 轴转动，坐标系（$O_2X_2Y_2Z_2$）原点在托弹盘支座连线中心点，且轴 O_2Z_2 与支座中心连线重合。

后挡门与托弹盘铰接，它绕坐标系（$O_3X_3Y_3Z_3$）的 O_3Z_3 轴转动，坐标系（$O_3X_3Y_3Z_3$）原点在铰接中心连线上且与铰接中心连线重合，与托弹盘间施加扭簧约束。

拨叉与托弹盘铰接，它绕坐标系（$O_4X_4Y_4Z_4$）的 O_4Z_4 轴转动，坐标系（$O_4X_4Y_4Z_4$）原点在铰接中心连线上且与铰接中心连线重合，与托弹盘间施加扭簧约束。

前挡弹与协调器本体铰接，绕坐标系（$O_5X_5Y_5Z_5$）的 O_5Z_5 轴转动，坐标系（$O_5X_5Y_5Z_5$）原点在铰接中心连线上与铰接中心重合，且与本体间施加弹簧约束。

翻转油缸缸体与托弹盘铰接，定义它只可绕坐标系（$O_6X_6Y_6Z_6$）的 O_6Z_6 轴转动，坐标系（$O_6X_6Y_6Z_6$）原点在协调器本体的油缸支座中心连线中点且 O_6Z_6 轴与油缸支座中心连线重合。

翻转油缸活塞与翻转油缸缸体铰接，定义它只相对缸体沿坐标系（$O_7X_7Y_7Z_7$）的 O_7Z_7 轴平动，坐标系（$O_7X_7Y_7Z_7$）原点在活塞杆轴线中点，O_7Z_7 轴与活塞杆轴线重合。

活塞杆与翻转油缸活塞为一个刚体，定义其与协调器本体铰接，绕坐标系（$O_8X_8Y_8Z_8$）的 O_8Z_8 轴转动，为了不引入多余的约束，将旋转铰定义为 Inline 约束，翻转油缸缸体、翻转油缸活塞（杆）、托弹盘和协调器本体之间的拓扑关系构成闭环。

（3）摇架与静参考系固接，其局部坐标系为（$O_9X_9Y_9Z_9$），坐标系方向与 $O_0X_0Y_0Z_0$ 一致。

炮尾与炮身固接，炮身与摇架耳轴铰接，绕坐标系（$O_9X_9Y_9Z_9$）的 O_9Z_9 轴转动，坐标原点在炮耳轴连线中心，O_9Z_9 轴与连线重合。

防护舱与炮身固接，绕坐标系（$O_{10}X_{10}Y_{10}Z_{10}$）的 $O_{10}Z_{10}$ 轴转动，坐标

原点在炮耳轴连线中心，$O_{10}Z_{10}$ 轴与连线重合。

（4）托药盘与防护舱铰接，定义它只可绕坐标系（$O_{11}X_{11}Y_{11}Z_{11}$）的 $O_{11}Z_{11}$ 轴转动，坐标系（$O_{11}X_{11}Y_{11}Z_{11}$）原点在托药盘支座连线中心点，且轴 $O_{11}Z_{11}$ 与支座中心连线重合。

摆药油缸缸体与防护舱铰接，定义它只可绕坐标系（$O_{12}X_{12}Y_{12}Z_{12}$）的 $O_{12}Z_{12}$ 轴转动，坐标系（$O_{12}X_{12}Y_{12}Z_{12}$）原点在协调器油缸支座中心连线中点且 $O_{12}Z_{12}$ 轴与油缸支座中心连线重合。

摆药油缸活塞与摆药油缸缸体铰接，定义它只相对缸体沿坐标系（$O_{13}X_{13}Y_{13}Z_{13}$）的 $O_{13}Z_{13}$ 轴平动，坐标系（$O_{13}X_{13}Y_{13}Z_{13}$）原点在活塞杆轴线中点，$O_{13}Z_{13}$ 轴与活塞杆轴线重合。

活塞杆与翻转油缸活塞为一个刚体，其与托药盘转轴杠杆铰接，绕坐标系（$O_{14}X_{14}Y_{14}Z_{14}$）的 $O_{14}Z_{14}$ 轴转动，为了不引入多余的约束，将旋转铰定义为 Inline 约束，摆药油缸缸体、摆药油缸活塞（杆）、托药盘和防护舱之间的拓扑关系构成闭环。

两托药架与托药盘铰接，分别绕坐标系（$O_{15}X_{15}Y_{15}Z_{15}$）、（$O_{16}X_{16}Y_{16}Z_{16}$）的 $O_{15}Z_{15}$、$O_{16}Z_{16}$ 轴转动，坐标原点在支座中心，$O_{15}Z_{15}$、$O_{16}Z_{16}$ 轴与支座中心连线重合，并与托药盘间施加扭簧约束。

两药筒导板与托药盘铰接，分别绕坐标系（$O_{17}X_{17}Y_{17}Z_{17}$）、（$O_{18}X_{18}Y_{18}Z_{18}$）的 $O_{17}Z_{17}$、$O_{18}Z_{18}$ 轴转动，坐标原点在支座中心，$O_{17}Z_{17}$、$O_{18}Z_{18}$ 轴与支座中心连线重合，并与托药盘间施加弹簧约束。

转臂与防护舱铰接，绕坐标系（$O_{19}X_{19}Y_{19}Z_{19}$）的 $O_{19}Z_{19}$ 轴转动，坐标原点在支座中心，$O_{19}Z_{19}$ 轴与支座中心连线重合，并与协调器托弹盘支架间施加实体—实体接触。

压弹板与防护舱铰接，绕坐标系（$O_{20}X_{20}Y_{20}Z_{20}$）的 $O_{20}Z_{20}$ 轴转动，坐标原点在支座中心，$O_{20}Z_{20}$ 轴与支座中心连线重合，并与防护舱间施加弹簧约束。其旋转铰与转臂旋转铰间施加 Couple 铰，以实现两旋转铰间定传动比的传动。

两挡药爪与防护舱铰接，分别绕坐标系 $(O_{21}X_{21}Y_{21}Z_{21})$、$(O_{22}X_{22}Y_{22}Z_{22})$ 的 $O_{21}Z_{21}$、$O_{22}Z_{22}$ 轴转动，坐标原点在支座中心，$O_{21}Z_{21}$、$O_{22}Z_{22}$ 轴与支座中心连线重合，并与防护舱间施加弹簧约束。

（5）输弹机箱体与防护舱固接，其局部坐标系为 $(O_{23}X_{23}Y_{23}Z_{23})$，坐标系方向与 $O_0X_0Y_0Z_0$ 一致。

链轮与输弹机箱体铰接，绕坐标系 $(O_{24}X_{24}Y_{24}Z_{24})$ 的 $O_{24}Z_{24}$ 轴转动，坐标系原点为链轮中心。

输弹链由 40 个链节和链条头组成，两链节铰接，连接轴中点的坐标系为 $(O_iX_iY_iZ_i;\ i=25,\ \cdots,\ 64)$，链条滚轮与输弹机箱体为由接触实现的支撑与传动，分别与箱体间施加实体—实体接触。两链节之间有一个巧妙的卡锁，当链条伸出后在锁爪作用下成为一个刚体，不能再弯曲，当链条收回时链条解锁。为了减少建模的复杂程度，对这一机构做了简化，只实现其功能，未对其结构进行建模。

输弹机排壳机构其局部坐标系为 $(O_{65}X_{65}Y_{65}Z_{65})$，坐标系方向与 $O_0X_0Y_0Z_0$ 一致，与箱体间施加实体—实体接触。

链尾钩与输弹机排壳机构铰接，绕坐标系 $(O_{66}X_{66}Y_{66}Z_{66})$ 的 $O_{66}Z_{66}$ 轴转动，坐标系原点为铰支座中心，并与输弹机排壳机构间施加弹簧约束，与尾链间施加实体—实体接触。

（6）挡弹板与炮闩铰接，绕坐标系 $(O_{67}X_{67}Y_{67}Z_{67})$ 的 $O_{67}Z_{67}$ 轴转动，坐标系原点为铰支座中心，并与压筒间定义实体—实体接触。

压筒与炮闩间定义平移铰，沿坐标系 $(O_{68}X_{68}Y_{68}Z_{68})$ 的 $O_{68}Z_{68}$ 轴平动，并与炮闩间施加弹簧约束。

（7）药筒导引机构的左右支架与炮闩固接，其局部坐标系为 $(O_{69}X_{69}Y_{69}Z_{69})$，坐标系方向与 $O_0X_0Y_0Z_0$ 一致，托盘与左右支架铰接，绕坐标系 $(O_{70}X_{70}Y_{70}Z_{70})$、$(O_{71}X_{71}Y_{71}Z_{71})$ 的 $O_{70}Z_{70}$、$O_{71}Z_{71}$ 轴转动，坐标系原点为铰支架的中心，并与药筒导引机构的两拨叉定义实体—实体接触。

药筒导引机构的两拨叉与左右支架分别定义平移铰，沿坐标系 $(O_{72}X_{72}Y_{72}Z_{72})$、$(O_{73}X_{73}Y_{73}Z_{73})$ 的 $O_{72}Z_{72}$、$O_{73}Z_{73}$ 轴平动，并与闩体间施加弹簧约束。

（8）选定要输送的弹丸，定义其局部坐标系为 $(O_{74}X_{74}Y_{74}Z_{74})$，坐标系方向与 $O_0X_0Y_0Z_0$ 一致，分别和协调器托弹盘、后挡门、拨叉、前挡弹、输弹机链条头、炮尾、挡弹板、炮闩、药筒导引机构的托盘以及炮身间定义实体—实体接触。

（9）待装填药筒定义其局部坐标系为 $(O_{75}X_{75}Y_{75}Z_{75})$，坐标系方向与 $O_0X_0Y_0Z_0$ 一致，分别与托药盘、两药筒压杆、两药筒支撑、输弹机链条头、炮尾、挡弹板、炮闩、药筒导引机构的托盘以及炮身间施加实体—实体接触。

（10）待排药筒定义其局部坐标系为 $(O_{76}X_{76}Y_{76}Z_{76})$，坐标系方向与 $O_0X_0Y_0Z_0$ 一致，分别与输弹机排壳小车、防护舱、药筒压平机构压板、两挡药爪以及炮尾上的排筒机构间施加实体—实体接触。输弹系统拓扑结构图如图 3 − 6 所示。

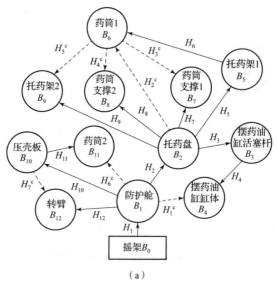

（a）

图 3 − 6　输弹系统拓扑结构图

（a）防护舱拓扑结构

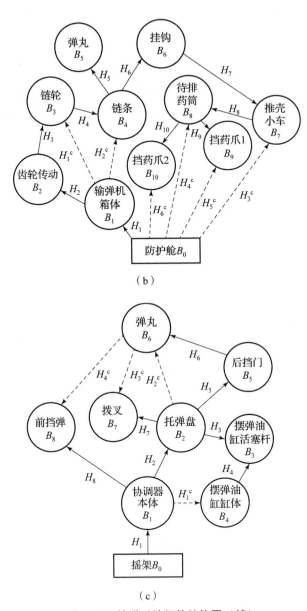

（b）

（c）

图 3 - 6　输弹系统拓扑结构图（续）

（b）输弹机拓扑结构；（c）协调器拓扑结构

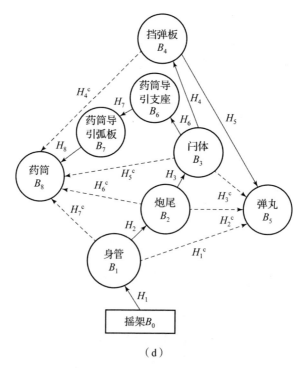

（d）

图 3 - 6　输弹系统拓扑结构图（续）

（d）炮身部分拓扑结构

经适当的简化后，输弹系统虚拟样机共有刚体 160 个、旋转铰 126 个、平移铰 5 个、固定铰 14 个、Inline 铰 5 个、Couple 铰 1 个、接触铰 487 个，系统共有自由度：

$$DOF = 160 \times 6 - 126 \times 5 - 5 \times 5 - 14 \times 6 - 5 \times 2 - 1 \times 1 - 487 \times 0 = 220$$

$$(3-1)$$

3.3.5　小平衡机力模型

小平衡机为液体气压式，用以平衡协调过程中的不平衡力矩，减少电机负载的变化。图 3 - 7 为小平衡机原理图。在建模时小平衡机缸筒及活塞杆的动力学方程由 ADAMS 自动建立，小平衡机力用以表征小平衡机缸筒和活塞杆的相互作用力，力分别作用在平衡机活塞端面的中心和平衡机缸筒与支座铰接点上，方向和活塞与缸筒平移铰方向一致。小平衡机工作时电磁阀通电使其两端与蓄能器相通，协调过程不超过 1.2 s。

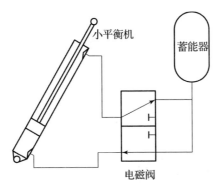

图 3 - 7　小平衡机原理图

由于协调过程时间很短，所以将这一过程视为绝热过程，有

$$p_0 V_0^n = p_1 V_1^n \tag{3-2}$$

则任一平衡态小平衡机的平衡力：

$$F_p = p_1 \cdot \Delta s = p_0 \Delta s \left(\frac{V_0}{V_1}\right)^n = p_0 \Delta s \left(\frac{V_0}{V_0 + \Delta V}\right)^n \tag{3-3}$$

$$\Delta V = \Delta s \cdot \Delta x \tag{3-4}$$

式中：p_0、V_0 为小平衡机初始状态的气体压力和容积；p_1、V_1 为某一平衡态的气体的压力和容积；n 为多方指数，一般取 1.3；Δs 为小平衡机有效工作面积；Δx 为小平衡机活塞行程。

3.3.6　电磁失电制动器模型

电磁失电制动器的工作原理是：当制动器未加直流电时，在弹簧力的作用下，制动器的摩擦片组件与摩擦环被压紧，产生摩擦力矩，在摩擦力矩的作用下，产生制动作用，旋转负载立即停止转动。其中摩擦片组件采用花键配合同静止部分啮合，摩擦环也采用花键配合同旋转部分啮合，摩擦片组件和摩擦环都可沿轴向滑动。当加上额定直流电压时，电磁制动器上的电磁铁绕组通过电流，其动子受电磁力的作用而发生运动，并产生推力。该推力大于弹簧力并与弹簧力方向相反，压缩弹簧，使摩擦片与摩擦环分离，从而解除制动。

电磁失电制动器的力学模型可以简化为

$$M = \text{if}(\theta_t - \theta; 0, \text{if}(\omega; \text{sign}(M_\alpha, \omega), M_j, \text{sign}(M_\alpha, \omega)), 0) \qquad (3-5)$$

式中：θ、θ_t 分别为协调器转角和目标转角；$\text{sign}(\cdot)$ 为符号函数[118]，当 $\omega > 0$ 时返回 $|M_\alpha|$，当 $\omega \leqslant 0$ 返回 $-|M_\alpha|$；M_j 为电磁失电制动器的静扭矩；M_α 为电磁失电制动器的动扭矩；ω 为摩擦环的转速；$\text{if}(\cdot)$ 为条件函数，当 $C(x)$ 取值小于 0 时，返回嵌套的 $\text{if}(\cdot)$ 中的值，当 $C(x)$ 等于或大于 0 时，取 0；嵌套的 $\text{if}(\cdot)$ 取值为 ω 等于 0 时取 M_j，否则取 $\text{sign}(M_\alpha, \omega)$ 的值。

3.3.7　往复推送式输弹链模型

在输弹系统中存在两种形式的链条传动，一种是旋转链式结构，它是一个首尾相接的闭环系统，链条承受拉力，这种形式的链条结构目前研究较多[119,120]；另一种是往复推送链式结构，它是首尾不相接的开式传动系统，主要用于做直线的往复推送，如输弹机链条，如图 3-8 所示，对这种结构形式的推送链的建模相对要复杂和烦琐，尚未有有关文献报道。

链条在与链轮啮合前后所承受的力是不一样的，在链条箱内时承受的是拉力，并经链条箱隔板规正其运行轨迹，而经过链轮啮合并伸出后链条通过自身结构闭锁成为一个刚性体提供推送力，链条主要承受推压力；当链轮反向旋转收回链条时，链条受力变向。这种推送式链传动，其实质仍是通过碰撞完成力和运动的传递。由于它传递动力的特殊性，为准确模拟其动态特性，采用实体碰撞研究链条滚子与链轮、链条滚轮与链盒隔板间的接触能更为真实地反映其动力学特性。

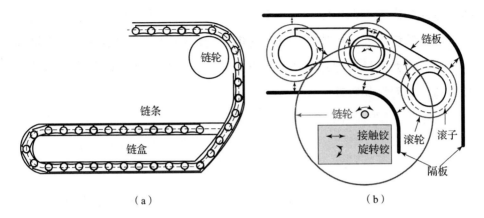

（a）　　　　　　　　　　　　　　　（b）

图 3 - 8　往复推送式输弹链

（a）结构示意图；（b）模型结构

3.3.8　碰撞模型

1. 接触力的计算

根据实际的接触情况，接触有碰撞接触（Intermittent Contact）和持续接触（Persistent Contact）两种。在 ADAMS 中这两种情况分别由碰撞函数模型（Impact Function Model）和泊松模型（Poisson Model）两种数学模型描述，并用罚函数法计算它们的法向接触力。当接触发生时，在接触面间引入法向接触力，即罚函数值，其大小与渗透量和物体刚度成正比，限制节点对接触面的渗透，以满足非穿透性条件。一般接触力不仅只有法向力，还有由接触产生的摩擦力。如果系统的接触摩擦不可忽略，则用 Coulomb 摩擦定律计算切向摩擦力。

对于 Impact Function Model，根据 Dubowsky 弹簧 – 阻尼接触铰理论，法向接触力为

$$F_n = k \cdot g^e + c \frac{\mathrm{d}g}{\mathrm{d}t} \tag{3-6}$$

$$c = \mathrm{step}(g, 0, 0, D_{\max}, C_{\max}) \tag{3-7}$$

式中：k 为罚因子，也即接触刚度；e 为非线性系数；g 为接触体的渗透量；c 为阻尼系数，按式（3-7）计算；step（·）为三次多项式逼近海维赛阶梯函数；g 为某时刻两接触面间的渗透量；D_{max} 为用户设定的最大渗透量；C_{max} 为阻尼系数的全值，其大小按材料特性选定。

由式（3-6），当 $k \to \infty$ 时接触体间能充分满足非穿透条件，但 k 值太大会引起动力学方程病态从而无法求解，通常应根据接触体的材料刚度和几何形状等因素确定接触刚度 k 和非线性系数 e。ADAMS 帮助文档中提供了几种材料的接触参数可供参考，一般情况下可以通过有限元计算来确定。对于 Poisson Model，法向接触力为

$$F_n = k \cdot \left[\left(\frac{\mathrm{d}g}{\mathrm{d}t} \right)_+ - \left(\frac{\mathrm{d}g}{\mathrm{d}t} \right)_- \right] \qquad (3-8)$$

式中：$(\mathrm{d}g/\mathrm{d}t)_+$ 和 $(\mathrm{d}g/\mathrm{d}t)_-$ 分别为接触开始和结束时的渗透速度。

为了避免因 k 过大引起方程病态，在迭代计算中引入拉格朗日乘子 λ，式（3-8）可改写为

$$F_n^{(j)} = \lambda^{(j)} + k \frac{\mathrm{d}g^{(j)}}{\mathrm{d}t} \qquad (j = 1, 2, 3, \cdots, j_{max}) \qquad (3-9)$$

其中，j 为接触过程中迭代次数，且满足

$$\begin{cases} \lambda^{(1)} = 0 & j = 1 \\ \lambda^{(j)} = F_n^{(j-1)} & j > 1 \end{cases} \qquad (3-10)$$

2. 接触状态的判定

设 $S_i(q, t)$（i 为识别方程的监测点）为两接触体可能接触点的相对位置列阵，用以描述系统运行状态。

$S_i(q, t) > 0$，系统处于自由运动状态，$F_{Ni} = 0$；

$S_i(q, t) \leq 0$，系统处于接触变形状态，$F_{Ni} \neq 0$。

式中：F_{Ni} 为接触时的法向接触力，用式（3-8）或式（3-9）计算。

由上述分析可得到系统拓扑结构转换的方程为

$$S_i(q, t) = 0 \qquad (3-11)$$

在数值计算中，对"分离—接触—分离"过程的切换点预测是十分关

键的。若 t_a 为切换点，则 $S_i(q_a,t_a)=0$。但这一时间点难以精确找到。解决这个问题的办法是在数值计算时给定一个小的正数 ε_i。当满足

$$|S_i(q_j,t_j)| < \varepsilon_i \qquad (3-12)$$

时，则认为 t_j 时刻为拓扑结构切换点。

给出一个用于搜索拓扑结构切换点的准则，即若存在一个时间间隔 $[t_0,\ t_1]$，满足

$$S_i(q_0,t_0)S_i(q_1,t_1) \leqslant 0 \qquad (3-13)$$

则在该时间间隔内至少存在一个切换点。

3.3.9　摩擦力模型

ADAMS 中摩擦力模型一般采用 Coulomb 摩擦定律。

$$F_f = \mu \cdot F_n \qquad (3-14)$$

其中，F_n 为法向作用力，μ 为摩擦系数，且 μ 由式（3-15）确定：

$$\mu = \begin{cases} \mu_d & v > v_d \\ \text{step}(v,v_x,\mu_s,v_d,\mu_d) & v_s \leqslant v \leqslant v_d \\ \text{step}(v,0,0,v_s,\mu_s) & 0 \leqslant v < v_s \end{cases} \qquad (3-15)$$

式中：μ_s 为静摩擦系数；μ_d 为动摩擦系数；v_x 为发生静摩擦的最大相对滑动速度；v_d 为发生动摩擦的最小滑动速度。

3.3.10　弹簧阻尼器力学模型

弹簧阻尼器分两类：拉压弹簧阻尼器和扭转弹簧阻尼器，在 ADAMS 中力学模型定义如下：

拉压弹簧阻尼器

$$F = -K(l-l_0) - C\frac{\mathrm{d}l}{\mathrm{d}t} + F_0 \qquad (3-16)$$

扭转弹簧阻尼器

$$T = -K_T(\theta - \theta_0) - C_T \frac{d\theta}{dt} + T_0 \qquad (3-17)$$

式中：F、F_0、T、T_0 分别为当前及初始广义弹簧力；K、K_T 为广义弹簧刚度；l、l_0、θ、θ_0 为广义的弹簧当前及初始长度；C、C_T 为广义弹簧阻尼系数。

3.4　控制子系统建模

3.4.1　PID 控制器建模

输弹机可靠性强化试验装置采用 PID 控制。试验装置 PID 控制系统原理框图与图 3-9 相同，系统由模拟 PID 控制器和被控对象组成。

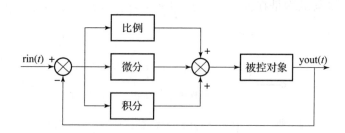

图 3-9　PID 控制系统原理框图

PID 控制器是一种线性控制器，它根据给定值 rin(t) 与实际输出值 yout(t) 构成控制偏差，即

$$\text{error}(t) = \text{rin}(t) - \text{yout}(t) \qquad (3-18)$$

PID 控制规律为

$$u(t) = k_p \left[\text{error}(t) + \frac{1}{T_1} \int_0^t \text{error}(t)\,dt + \frac{T_D \text{derror}(t)}{dt} \right] \quad (3-19)$$

式中：k_p 为比例系数；T_1 为积分时间常数；T_D 为微分时间常数。

PID 控制各环节的作用如下。

（1）比例环节：成比例地反映控制系统的偏差信号。

（2）积分环节：主要用于消除静差，提高系统的无差度。

（3）微分环节：反映偏差信号的变化趋势，并能在偏差信号变大之间，在系统中引入一个有效的早期修正信号，从而加快系统的动作速度，减少调节时间。

在供输弹系统 PID 控制实践中，并不是通过写出控制系统的数学模型，利用控制算法求解 PID 参数，而是直接根据经验调节。在建立 PID 控制模型时，PID 参数是通过 Matlab/Simulink 编程求解得到的。

3.4.2　电枢控制式直流电机模型

自动供输弹系统中电机有协调电机、供弹电机和推弹电机，其中协调电机和供弹电机均是在控制系统作用下实现精度控制，均为电枢控制式直流电机。图 3-10 为电枢控制式直流电机原理图。

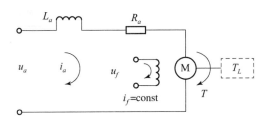

图 3-10　电枢控制式直流电机原理图

根据基尔霍夫定律可以写出电动机电枢回路的微分方程：

$$L_a \frac{\mathrm{d}i_a}{\mathrm{d}t} + R_a i_a + e_d = u_a \qquad (3-20)$$

式中：L_a，R_a 分别为电枢线圈的电感和电阻；i_a 为电枢电流；e_d 为反电动势；u_a 为加在电枢两端的控制电压。

当磁通固定不变时，e_d 与电机转速成正比，反电势的微分方程为

$$e_d = k_d \omega \qquad (3-21)$$

式中：k_d 为反电势常数；ω 为电机旋转角速度。

根据刚体转动定律，列写电动机转子的运动方程为

$$J \frac{\mathrm{d}\omega}{\mathrm{d}t} = T - T_L \qquad (3-22)$$

式中：J 为转动部分折合到电动机轴上的总的转动惯量；T 为电动机的电磁力矩；T_L 为负载力矩。

同样，当激磁磁通固定不变时，电动机的电磁力矩 T 与电枢电流成正比，即

$$T = k_m i_a \qquad (3-23)$$

应用式（3-20）~式（3-23）可得

$$\frac{L_a J}{k_d k_m} \frac{\mathrm{d}^2 \omega}{\mathrm{d}t^2} + \frac{R_a J}{k_d k_m} \frac{\mathrm{d}\omega}{\mathrm{d}t} + \omega = \frac{1}{k_d} u_a - \frac{L}{k_d k_m} \frac{\mathrm{d}T_L}{\mathrm{d}t} - \frac{R_a}{k_d k_m} M_L \qquad (3-24)$$

令 $\dfrac{L_a}{R_a} = T_a$，$\dfrac{R_a J}{k_d k_m} = T_m$，$\dfrac{1}{k_d} = C_d$，$\dfrac{T_m}{J} = C_m$，则电枢控制式直流电动机的动力学方程可写为

$$T_a T_m \frac{\mathrm{d}^2 \omega}{\mathrm{d}t^2} + T_m \frac{\mathrm{d}\omega}{\mathrm{d}t} + \omega = C_d u_a - C_m T_a \frac{\mathrm{d}T_L}{\mathrm{d}t} - C_m M_L \qquad (3-25)$$

式中：T_a，T_m 分别为电动机电枢回路的电磁时间常数和电机时间常数；C_d，C_m 为传递系数。

3.4.3 传感器及行程开关模型

输弹系统工作过程中，需要对系统内关键构件的运行状态进行实时监测，反馈给控制系统，以实现实时精确控制，因此需要大量的传感器及行程开关，其功能建模也是虚拟样机建模不可或缺的环节。

传感器和行程开关模型在 ADAMS 中采用 Sensor 配合测量函数 Measure 来实现，当测量函数达到 Sensor 触发条件时，行程开关触发并返回控制信

号，通过软件接口传递给在 EASY5 环境中建立的液压系统控制模块，如图 3 – 11 所示。

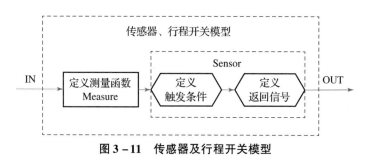

图 3 – 11　传感器及行程开关模型

3.5　液压子系统建模

为了使所建的样机模型更接近物理模型，对其液压控制系统进行建模，然后通过 ADAMS/Controls 模块来实现输弹系统的机、液一体化联合仿真。随着液压仿真技术的发展，各种液压仿真软件纷至沓来，有英国的 Bath/fp、瑞典的 Hopsan、德国的 DSH +、美国的 Simulink、法国的 AMESim 等。但是较具有代表性的是 MSC. Software 公司的 EASY5。EASY5 液压系统仿真软件采用图形化建模，简化了建模过程；采用智能求解器提高了仿真精度；实现不同领域（机械、液压、气动等）的模块之间的直接物理连接。故本书选用 EASY5 进行液压系统建模。

3.5.1　MSC. EASY5 软件简介

MSC. EASY5 是美国 MSC. Software 公司开发的一套面向多学科动态系统和控制系统的仿真软件，用于产品的概念和系统初级设计阶段，该软件使用框图模型描述动态系统，并将模型自动"翻译"为 FORTRAN 语言源程序，进一步编译链接为可执行程序，以开展各种分析计算。

EASY5 是一个基于控制系统框图和物理元器件的工程原理图并采用相应图形模块来对多学科领域动态系统进行建模、仿真和分析的虚拟样机开发软件。EASY5 的图形化建模环境允许用户直接在计算机屏幕上绘制工程系统原理图或控制理论框图,从而构建仿真模型。这些模型既包括基本的数学和控制环节,如加法器、除法器、积分器和超前—滞后校正装置等,也包括来自专业应用库的系统级部件,如阀、作动器、热交换器、齿轮副、离合器、发动机、电机、气体力学、飞行动力学等。每一个系统级部件都代表一组方程,用以描述一个物理元件(如四通液压阀)或是一个物理现象(如润滑油黏度变化)。此外,用户还可以通过加入 FORTRAN 或 C 代码建立用户部件,以定制特殊元件或部件。这样的模型元件结构,使得 EASY5 具有良好的适用性,可以满足不同层次的建模和仿真需求,用户完全可以根据需求选择建模方式,即选择通过基本数学和控制环节建模还是通过实际的物理元件建模,建模方式非常灵活。

EASY5 包括一个基于脚本的交互式程序,用于高等数值计算,如非线性仿真、稳态分析、线性分析、控制系统设计、数值分析和画图等,并具有源代码自动生成功能以满足实时性的要求。

EASY5 可以与多种领先的工程软件实现集成,以实现复杂系统的仿真。比如与运动学动力学仿真软件 ADAMS 的无缝接口,可实现电、液控制系统与复杂多体机构的真正耦合;与有限元分析软件 Nastran、Pro/Mechanical 和 ANSYS 的数据交换,可研究控制系统与结构的相互作用;此外还可集成 Matlab/Simulink、IC(Integrated Circuit,集成电路)仿真工具 Vantage 等软件。

3.5.2　机电液系统参数耦合关系

在输弹工作过程中,整个输弹系统的状态参数实时、连续变化,由于机电液系统间不停地相互作用,各自的状态参数相互耦合。为使虚拟样机精确地模拟实际系统，需对虚拟样机中机、电、液各子系统间的参数耦合关系进行定义。机电液各子系统间的参数耦合关系如图 3 – 12 所示。

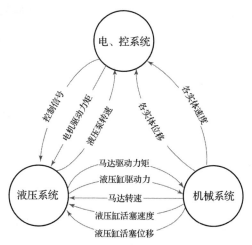

图 3 – 12　机电液各子系统间的参数耦合关系

　　电、控系统产生电机驱动力矩驱动液压泵运转，液压泵带动液压马达和液压缸运行。液压系统与机械系统通过液压马达和液压缸实现参数间的耦合。液压马达和液压缸将驱动力矩与驱动力传递给机械系统，为机械系统提供原动力。机械系统在原动力的驱动下运转的同时将马达转速、液压缸活塞的速度和位移等参数反馈给液压系统，这些参数是液压系统压力和流量方程建立的基础。机械系统通过触动各类行程开关和传感器将自身的位移、速度、加速度等信息与电控系统相关联，使电控系统产生各种控制信号。电控系统将控制信号输出到液压系统各类控制阀，以保证系统动作的有序进行。机械系统对液压系统的作用使得液压系统执行元件负载产生变化，液压系统将执行元件的负载变化转化为系统压力信息，反映为液压泵负载和转速的变化，并将其以油源电机负载的形式反馈给控制系统，控制系统则利用这些信息调整油源电机参数。这样，机、电、液系统之间形成了相互耦合的闭环系统，使得整个系统稳定有序地运转。

3.5.3 液压系统工作循环

图 3-13 为供输弹系统液压系统原理图。图中液压系统电磁阀从左至右依次是：④③②①⑤⑥⑦⑧⑨。4 个 3WE10 并列（④③②①），接着是5 个 3WE6 并列（⑤⑥⑦⑧⑨）。①、②两个电磁阀分别与双联泵的大排量泵和小排量泵连接，阀③、阀④控制液压马达正转和反转；阀⑤、阀⑥控制摆药油缸实现托药盘向输弹线的翻转和复位；阀⑦、阀⑧控制托弹盘向输弹线的翻转和复位；⑨为给小平衡机注液。

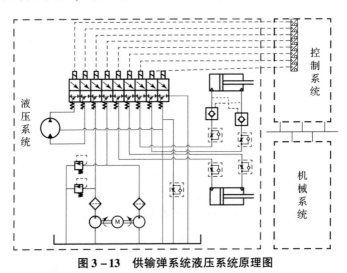

图 3-13 供输弹系统液压系统原理图

表 3-1 为输弹液压系统工作循环与电磁阀动作表，表中"+"号表示相对应的电磁阀通电。

表 3-1 输弹液压系统工作循环与电磁阀动作表

序号	动作名称	①	②	③	④	⑤	⑥	⑦	⑧
1	托弹盘往输弹线上翻转		+					+	
2	1 级输弹	+	+						
	2 级输弹	+	+	+					

续表

序号	动作名称	①	②	③	④	⑤	⑥	⑦	⑧
3	收链	+	+		+				
			+		+				
4	托弹盘回翻		+					+	
5	托药盘往输弹线上翻转		+						+
6	输药	+		+					
7	收链	+			+				
8	托药盘回翻		+				+		

3.5.4　油源电机动力学模型

油源电机是液压系统的动力源，液压执行元件负载发生变化会引起液压泵出口压力发生变化，进而引起油源电机负载发生变化，电机转速的变化势必引起液压泵流量发生变化。而在通常的液压系统分析中往往将其忽略，认为液压泵是一恒流量泵，这显然不能反映系统间的耦合关系，仿真结果必与实际有很大差异。因而，建立油源电机的动力学模型并将其与液压系统实现耦合是非常有必要的。油源电机动力学模型可以表示为

$$\begin{cases} L_a \dfrac{\mathrm{d}i_a}{\mathrm{d}t} + R_a i_a + k_d \omega = u_a \\ T = k_m i_a \\ (J + J_L) \dfrac{\mathrm{d}\omega}{\mathrm{d}t} = T - T_f - T_L \end{cases} \tag{3-26}$$

式中：L_a、R_a 分别为电枢线圈的电感和电阻；i_a 为电枢电流；k_d 为反电势常数；ω 为电机旋转角速度；u_a 为电枢电压；T 为电动机的电磁力矩；k_m 为电磁力矩常数；J 为电机转动惯量；J_L 为转动部分折合到电动机轴上的转动惯量；T_f 为电机内部机械阻力矩；T_L 为负载力矩。

3.5.5　降压启动盒模型

图 3 - 14 为电机降压启动原理图。降压启动盒用于降低油源电机启动时过大的电流，模型由两个延时继电器、两个继电器开关和两个降压电阻组成。启动方式为两级启动，当启动电源开关接通后，降压启动盒通过延时继电器自动控制两级电阻的切除，即通过延时继电器控制开关 K1、K2 将电阻 R_1、R_2 分别在 t_1、t_2 时切换掉，并在 1 s 内使油源电机启动完毕。

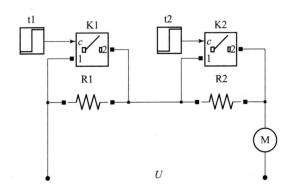

图 3 - 14　电机降压启动原理图

3.5.6　液压系统的建立

本书所研究的某大口径火炮自动输弹系统，采用液压系统为输弹、摆弹和摆药提供动力，液压马达、翻转油缸和摆药油缸是执行机构。液压马达和液压油缸都是将液压油的压力能转换成机械能的一种能量转换装置，其中前者完成输弹/药与退链动作，后者用于输弹/药前将托弹盘或托药盘摆到输弹线上，退链后收回托弹盘或托药盘。图 3 - 15 所示为输弹液压系统原理图。

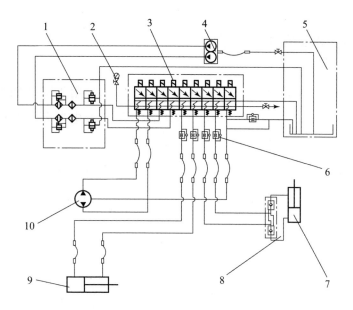

图 3 – 15　输弹液压系统原理图

1—油滤安全阀；2—压力表；3—电磁阀组；4—双联泵；

5—油箱；6—单向节流阀；7—翻转油缸；8—液控单向阀；

9—摆药油缸；10—液压马达

MSC. EASY5 最大的优点是支持用户自定义元件库，用户可以根据工程的需要，通过编程定制自己的元件库，这使得 MSC. EASY5 软件具有广泛的适用性和二次开发性能。用户可以通过以下三种方法自定义元件库：①通过多种元件库中的基本元件组合构建复杂元件；②通过修改标准元件库中元件的代码，以添加或修改标准元件方式构建用户自定义元件；③MSC. EASY5 软件支持 FORTRAN 或 C 代码定制部件，用户可以通过以上两种编程语言定制特殊元件或部件。本书中的油滤安全阀组件、双联泵组件等是通过①中提到的方法构建的，液压泵和液压马达模型等是采用②的方法构建的，逻辑控制模块则是通过③的方法建立的。

按照图 3 – 11，在 MSC. EASY5 中建立了输弹系统液压系统模型，并与机械系统及控制系统模型实现了耦合，其耦合仿真结构如图 3 – 16 所示。机械系统多体动力学模型通过传感器和行程开关反馈给控制模块信号，控制模块经过逻辑判断并向液压系统电磁阀发出控制信号，从而实现系统有序平稳的运行。

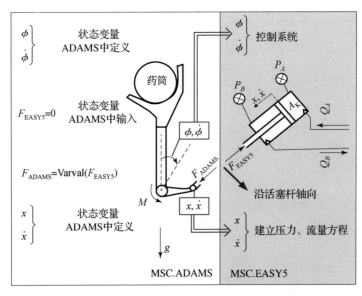

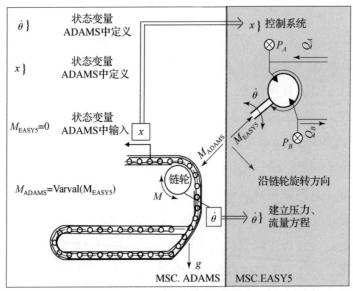

图 3-16　机电液耦合仿真结构

3.6　联合建模与验证

ADAMS/Controls 是 ADAMS 软件包中的一个集成可选模块。在 ADAMS/Controls 中，设计师既可以通过简单的继电器、逻辑与非门、阻尼线圈等建立简单的控制机构，也可以利用通用控制系统软件（如 MATLAB、MATRIX、EASY5）建立控制系统框图，联合建立包括控制系统、液压系统、气动系统和运动机械系统的复杂精密的仿真模型。它主要实现以下三种功能。

（1）将复杂的控制系统添加到机械模型中，然后实现控制—机械两种系统的联合仿真分析。

（2）可视化建模，不需要编写具体程序代码。

（3）能够较好地输出仿真结果。

在仿真计算过程中，ADAMS 采取两种工作方式：其一，机械系统采用 ADAMS 解算器，控制系统采用控制软件解算器，二者之间通过状态方程进行联系；其二，利用控制软件书写描述控制系统的控制框图，然后将该控制框图提交给 ADAMS，应用 ADAMS 解算器进行包括控制系统在内的复杂机械系统虚拟样机的同步仿真计算，例如汽车制动防抱死系统（ABS）、主动悬架、飞机起落架助动器、卫星姿态控制等，该计算可以是线性的，也可以是非线性的。

我们选用 ADAMS/Controls 模块，实现了 ADAMS 模型和 EASY5 模型的真正耦合，对输弹系统进行仿真分析。在 ADAMS 中建立输弹系统多体动力学模型；在 EASY5 中建立液压控制系统，这两个软件通过相互之间的通信和数据传递来解决输弹系统多体动力学模型自由度过多和液压控制系统控制运算法则过于复杂两者共处的问题。

3.6.1 联合建模

ADAMS 和 EASY5 控制软件之间是通过状态变量进行通信的。因此，输入输出必须基于一组状态变量进行定义。在 ADAMS/Controls 中，输出指从 ADAMS 传到 EASY5 控制软件的数据，输入指从 EASY5 控制软件传回 ADAMS 的数据，这样，输入输出就在 ADAMS 和 EASY5 控制软件中形成闭合回路，图 3 – 17 所示为联合仿真形成闭合回路的示意图。

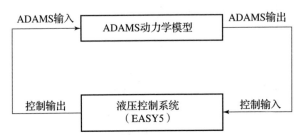

图 3 – 17　联合仿真形成闭合回路的示意图

联合仿真是指同时执行两个或者多个仿真模型，这些仿真模型是在不同仿真代码下建立的，并且联合在一起。本书的联合仿真是通过在 EASY5 中添加表征动力学模型的元件，建立与 ADAMS/Controls 的通信连接，由各自的求解器进行计算，并通过设定的时间交换数据。其操作过程可分为以下几步。

（1）利用 ADAMS/View 打开输弹系统模型，插入 ADAMS/Controls 控制模块。

（2）在 ADAMS/View 模型中定义用于联合仿真数据通信的输入和输出变量，通过 ADAMS/Controls Plant Export，将定义的输入、输出变量信息保存在后缀名为 .inf 的文件中，同时产生命令文件 .cmd 和数据文件 .adm，其操作过程如图 3 – 18 所示。

（3）在 EASY5 的液压控制回路中添加代表 ADAMS 模型的 AD 元件，图 3 – 15 为输弹液压系统原理简图，为满足计算机仿真需求，仅保留了必

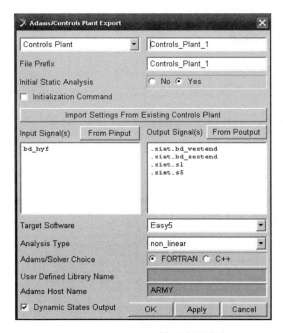

图 3 – 18　ADAMS 模型变量输出

要元件，与工程图和设计图相比有大幅度简化。通过 AD 元件的 CDT（Component Data Table，组件数据卡）选定步骤 2 中输出的文件（. inf），从而将输出的输弹系统动力学模型以 EASY5 元件的形式连接于液压系统中，如图 3 – 19 所示。

　　这样在完成了机械系统、液压系统和控制系统建模后，通过相应设置实现机械系统模型、液压系统模型和控制系统模型之间的参数传递，初步建立了输弹系统的虚拟样机。将试验条件输入虚拟样机，便可以通过仿真计算得到各个零部件的载荷时间历程和运动规律。

　　将多体系统动力学模型与液压及控制系统模型在 MSC. EASY5 中实现联合建模，如图 3 – 20 所示。

3.6.2　VV&A

　　虚拟样机是真实物理系统的近似反映，必须进行 VV&A（Verification，

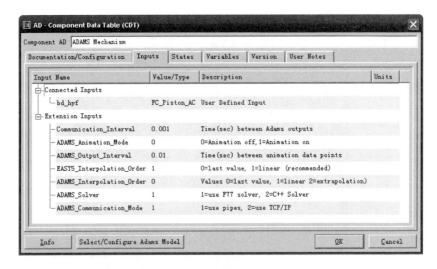

图 3 - 19　添加 AD 元件

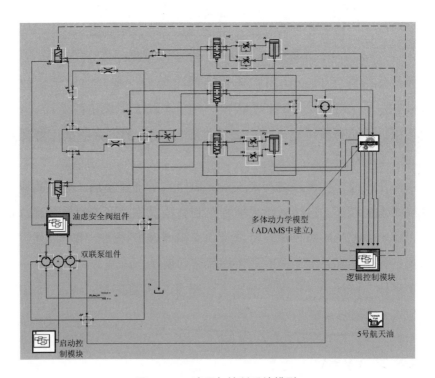

图 3 - 20　液压与控制系统模型

Validation and Accreditation) 才能用于开展仿真试验。针对如何进行虚拟样机的 VV&A，众多学者围绕 VV&A 的原则及验证方法进行了研究[121-127]。针对虚拟样机仿真特点，对模型进行验证最为有效的办法是通过对比虚拟样机仿真结果与实际系统的试验数据，用仿真结果与试验数据的一致性来对虚拟样机故障仿真的可信度进行评价。

本书采用主观确认和数据对比相结合的方法对虚拟样机进行校核。首先用主观确认法对虚拟样机进行定性校核，观看仿真动画，分析重要部件的仿真结果曲线，判断样机的动作循环是否正确，样机能否正确完成预期的动作，能否实现预期的任务以及结果曲线是否合理等。然后以设计说明书中的数据及自动输弹系统的出厂试验数据为依据，采用数据对比法对样机进行定量校核。主观确认法进行定性校核只能对样机动作的正确性进行粗略的判断，而用数据对比法进行定量校核则能够对样机的精确性进行校核。两种方法相辅相成，能够以较少的试验数据来保证样机的精度。

1. 主观确认校核

通过虚拟样机仿真得到链轮转速仿真曲线如图 3-21 所示。

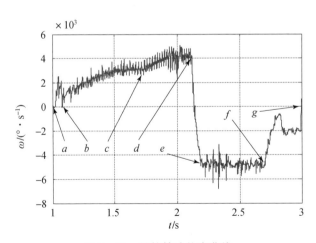

图 3-21 链轮转速仿真曲线

曲线中的 ac 段为一级输弹，在输弹的起始段链轮的转速从 0 缓慢上升，当链头与弹丸接触的一瞬间，由于弹丸惯性的作用，链轮转速迅速下降，这一过程使曲线产生一个小"尖峰"（ab 之间），然后链头推动弹丸前进，链轮转速继续上升至平稳。在 c 点处，电磁阀动作，系统由一级输弹转为二级输弹，因而链轮转速继续上升直至平稳（cd 段）。在 d 点，弹丸与链头分离，电磁阀动作，使链轮受到相反方向的扭矩，但由于机械系统惯性的作用，链轮转速不能"跳跃"，而是经过曲线中 cd 段连续的变化，逐渐实现反向的。ef 段为一级收链过程，此时大、小泵同时供油，链轮高速旋转，快速收链。fg 段为二级收链，此时小泵单独供油，链轮以较低的速度转动以减小收链到位时的冲击。

　　图 3－22～图 3－25 所示为链头和弹丸的速度和位移曲线。由图 3－22 和图 3－23 可见，两条曲线的整体趋势是相同的，这说明整个链条传递运动和动力的性能是可靠的。但两条曲线的不同之处是，拐点处存在时间上的超前或滞后，并且两条曲线的振动程度不同，这是由链传动的多边形效应及链条在链盒中的振动引起的，这表明，输弹链模型能够反映实际机构的特征。由图 3－24 可见，在输弹过程中，链条伸出的最大长度是 2 250 mm，与出厂调定值相同，能满足高角输弹的要求。由图 3－23 可见，弹丸在卡膛点的速度达到 3 m/s 以上，达到了卡膛点速度要求，由图 3－25 可见，弹丸达到最大位移后，其位移不再改变，说明弹丸实现了可靠卡膛。

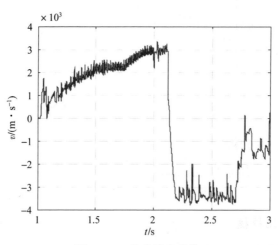

图 3－22　链头速度曲线

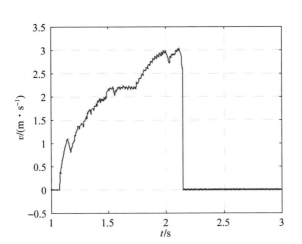

图 3 - 23　弹丸速度曲线

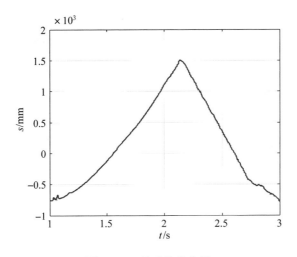

图 3 - 24　链头位移曲线

　　依据以上仿真分析以及对样机各零部件动作过程观察和对仿真结果的分析，可以认为输弹系统虚拟样机动作与物理样机一致，机构符合定性要求。

　　2. 数据对比校核

　　数据对比校核，主要依据已有的试验数据进行。试验通过直接测量各

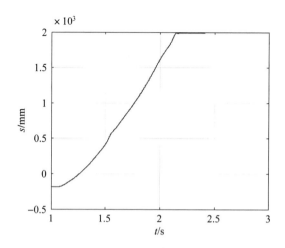

图 3 - 25　弹丸位移曲线

控制信号发生时间的方式来记录各动作时间。输弹循环试验的实测数据如表 3 - 2 所示。表中试验数据为三次测量的均值。

表 3 - 2　输弹循环试验的实测数据　　　　　单位：s

序号	0°装填角		30°装填角		60°装填角	
	输弹	收链	输弹	收链	输弹	收链
1	1.00	0.74	0.99	0.82	1.05	0.80
2	1.04	0.79	1.05	0.78	1.07	0.77
3	1.02	0.72	1.04	0.71	1.10	0.69
4	1.05	0.81	1.13	0.75	1.14	0.76
5	0.94	0.91	1.08	0.88	1.21	0.90
6	0.99	0.84	1.10	0.78	1.19	0.84
7	1.06	1.03	1.17	1.02	1.17	1.01
8	0.96	0.77	1.03	0.71	1.07	0.72

续表

序号	0°装填角		30°装填角		60°装填角	
	输弹	收链	输弹	收链	输弹	收链
9	0.97	0.76	1.01	0.74	1.05	0.74
10	1.09	0.86	1.05	0.91	1.02	0.90
11	1.05	0.86	1.10	0.79	1.12	0.80
12	1.01	0.75	1.08	0.72	1.06	0.70
13	1.00	0.75	1.17	0.72	1.21	0.76
14	0.96	0.82	1.08	0.80	1.10	0.79
15	1.08	0.89	1.12	0.85	1.16	0.85
16	0.94	0.82	0.87	0.73	0.88	0.80
17	1.01	0.88	1.12	0.84	1.16	0.85
18	1.03	0.81	1.10	0.79	1.12	0.77
19	1.02	0.82	1.11	0.77	1.18	0.79
20	1.07	0.78	1.14	0.75	1.18	0.76
Min	0.94	0.74	0.87	0.71	0.88	0.78
Max	1.09	1.03	1.17	1.02	1.21	1.01
仿真值	1.00	0.86	1.02	0.85	1.02	0.86

　　从表 3 - 2 中三种装填角的实测数据可以看到各动作完成时间值表现出明显的离散性，这是由系统各动力学参数、载荷、边界条件的随机分布以及不同批次间生产、装配工艺的差异造成的，而在进行仿真计算时未考虑仿真参数的随机性，且对模型做了必要和适当的简化，因而仿真得到的各动作时间值与试验值不可能完全相同。从表 3 - 2 中对比可以看到仿真值均落在试验时间值的区间内，说明虚拟样机是可信的。

3.7　本章小结

本章以输弹系统为研究对象，针对目前机电液耦合仿真中存在的问题，提出了适合于大型复杂系统耦合仿真的协同仿真方案，建立了完整的输弹系统机电液耦合虚拟样机，解决了输弹系统机电液耦合、多碰撞变拓扑等建模难点，并验证了虚拟样机的可信度。其主要的工作及结论如下。

（1）以提出的协同仿真方案为基础，在分析定义输弹系统拓扑结构的基础上，在 MSC. ADAMS 平台上完成了系统模型构建，并对往复推送式输弹链等关键模型进行了重点建模，建立了完整的输弹系统虚拟样机。

（2）在 MSC. EASY5 平台上完成了控制子系统模型的搭建，结合 MSC. EASY5 液压元件库元件模型，建立了若干液压元件模型，并建立了油源电机模型及降压启动盒模型，搭建了完整的液压系统模型，采用控制导入的方式实现了输弹系统机电液耦合仿真求解。

（3）对虚拟样机进行了验证，并通过试验数据对输弹系统的总体运行特性进行了验证，结果表明所建立的机电液耦合虚拟样机模型具有很高的精度，能够满足工程分析的需要。

第 **4** 章

输弹系统仿真分析

虚拟样机模型的优点是模型修改简单，仿真过程直观，从而使其适合作为控制系统的仿真平台，研究不同控制方案对同一模型的控制效果，或者同一控制方案对不同模型的控制效果。ADAMS 软件与其他控制软件的联合仿真是在 ADAMS 中建立机械系统多体动力学模型，然后由 ADAMS 输出描述系统方程的有关参数，再在其他控制软件中读入 ADAMS 输出的信息并建立起控制方案。在仿真计算的过程中，ADAMS 与其他控制软件进行数据交换，由 ADAMS 的求解器求解系统的方程，由其他控制软件求解控制方程，然后控制软件通过 ADAMS/Controls 模块与 ADAMS 进行数据交换，共同完成整个控制过程的仿真计算，控制软件可以是 MATLAB、EASY5 或 MATRIX。

自动输弹系统是集机械、液压和电气于一身的复杂系统，液压是它的主要动力源，主要为输弹机、协调器上的托弹盘及防护舱上的托药盘提供不同的流量，满足输弹机输弹/收链、输药/收链、托弹盘起落与托药盘起落运动不同速度的要求。为了深入研究输弹系统在输弹过程中各部件的运动情况及动力学行为，本书在输弹系统动力学模型中引入液压控制系统，可以更有效地模拟输弹系统的输弹工况。同时由于机构复杂，加入了大量的碰撞接触，给求解带来了很大的困难，采用分段仿真可以解决接触突然消失的问题。

鉴于 ADAMS 和 EASY5 具有强大的接口交互通信能力，本章将基于 ADAMS 和 EASY5 软件所建立的输弹系统动力学模型和液压控制系统模型，通过控制导入模块 ADAMS/Controls，实现输弹过程联合仿真，以便有效研究各输弹过程的输弹特性。

4.1　输弹系统多接触的实现

从输弹系统建立虚拟样机的过程中可知，系统中定义了大量接触。引入接触的意义在于使动力学模型更接近实际的物理模型。例如，弹丸在输送过程中与托弹盘、后挡门、拨叉、前挡板、输弹机链条头、炮尾、挡弹板、炮闩、药筒导引机构的托盘以及炮身发生的碰撞是随机的。为了使分析模型能尽量真实地反映物理模型的运动规律，尽管使得仿真求解的速度减慢，还应将有接触发生的零部件尽量采用接触处理，消除由铰接带来的误差。

4.1.1　ADAMS 中的接触碰撞模型

接触碰撞模型将碰撞过程归结为"自由运动—接触变形"两种状态，它通过计入碰撞体接触表面的弹性和阻尼，建立了描述碰撞过程中力和接触变形之间的本构关系。目前，这种间隙模型有三种类型：基于 Dubowsky

线性化的碰撞铰模型、基于 Herts 接触理论的 Herts 接触模型和基于非线性
等效弹簧阻尼模型。其中非线性等效弹簧阻尼模型的广义形式可表示为

$$F = K\delta^e + C_1\dot{\delta} + C_2\delta\dot{\delta} \qquad (4-1)$$

式中：F 为法向接触力；K 为 Herts 接触刚度；C_1、C_2 为阻尼因子；δ 为接
触点法向穿透距离；e 为不小于 1 的指数。

通过对 K、C_1、C_2 的取值，可得到不同类型的间隙模型。

在自由运行阶段，系统动力学方程与经典模型中分离阶段相同。在接
触碰撞阶段，两碰撞体由自由运动状态到接触变形，产生了约束条件的变
化，解除系统的运动学约束，代之以约束力。在碰撞物体间引入等效弹簧
阻尼模型，则系统运动学方程为

$$\begin{cases} M\ddot{q} + Kq + \Phi_q^T\lambda = Q + F_l \\ \Phi(q,t) = 0 \end{cases} \qquad (4-2)$$

其中，F_l 为接触力 F 相对于广义坐标 q 的广义力阵列。

采用接触变形模型建立的动力学方程，系统自由度与碰撞副状态无
关，从这点看，这种方法是将变拓扑结构系统动力学问题转换为无拓扑结
构变化的系统动力学问题处理，但由于系统的接触力为时变的，需判断其
接触分离的切换点。与经典模型相比，该模型建模过程简单，可描述碰撞
过程中的冲击力，易于实现对系统运动过程的全局仿真。

在 ADAMS 中常采用的碰撞模型为

$$F = K\delta^e + C(\delta)\dot{\delta} \qquad (4-3)$$

在 ADAMS 中还可通过静摩擦系数和动摩擦系数引入摩擦力，这样法
向碰撞力和摩擦力就构成了碰撞副中总的相互作用力。

对于碰撞函数模型，根据 Dubosky 弹簧 – 阻尼接触铰理论，法向接触
力可通过式（3-6）进行计算。由式（3-6），当 $k \to \infty$ 时接触体间能充分
满足非穿透条件，但 k 值太大会引起动力学方程病态从而无法求解，通常
应根据接触体的材料刚度和几何形状等因素确定接触刚度 k。大量文献中
援引的试验表明，$1.1 \le e \le 1.5$ 既较符合试验情况，也使得动力学方程组

一般能稳定求解。

对于泊松模型，法向接触力为

$$F_n = k \cdot \frac{\mathrm{d}g}{\mathrm{d}t} \tag{4-4}$$

为了计算能量损失，将式（4-4）改写成式（3-8）。

一般接触力不仅只有法向力，还有由接触产生的摩擦力。如果系统的接触摩擦不可忽略，则用 Coulomb 摩擦定律计算切向摩擦力，如式（3-14）、式（3-15）所示。

其中，step( ) 函数定义为

$$\text{step} = \begin{cases} h_0 & x < x_0 \\ h_0 + (h_1 - h_0) \times \left(\frac{x - x_0}{x_1 - x_0}\right)^2 \times \left(3 - 2\frac{x - x_0}{x_1 - x_0}\right) & x_0 \leqslant x \leqslant x_1 \\ h_1 & x > x_1 \end{cases} \tag{4-5}$$

在式（3-15）中，摩擦系数与滑动速度的关系如图 4-1 所示。

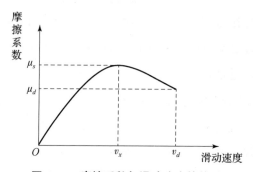

图 4-1　摩擦系数与滑动速度的关系

4.1.2　输弹系统多接触分析的实现

1. 输弹系统模型中定义多接触带来的求解困难

为使动力学模型更接近物理模型，在动力学模型中定义了大量的接触，这将给动力学模型的求解带来很大困难。尽管 ADAMS 中可以定义各种二维和三维的接触关系，但它对多接触问题处理不理想，主要表现如下。

（1）定义接触后，求解速度会突然比直接定义约束代替接触的模型慢很多。

（2）由于接触力跃变太大而产生数值困难，仿真过程出错而停止。

（3）在仿真时间较长时可能会产生接触力突然消失、就像没有定义接触的现象。

求解动力学方程时，ADAMS 求解器将接触力并入广义力矩阵中求解。未发生接触前，每一次迭代都将预先判定接触是否发生，一旦接触发生，为了更精确计算接触力，动态地将迭代步长调整到比用户设定值小很多的值，并且在这些小步长迭代的过程中仍然继续判断是否其他接触发生，从而使求解速度大大降低。目前没有办法彻底解决该问题，但可用两种方法来使计算速度有所提高。一是选用效率高的算法，如坐标分离法等；二是在三维造型时将过于复杂的零部件分割成相对简单而规则的形体的组合，使接触的判断相对容易些。这可以通过布尔运算或者 ADAMS 与其他软件的接口实现。尽管定义接触后求解速度变慢，但总的来说，牺牲时间换取更符合实际的结果还是划算的。

对于求解多接触模型产生数值求解困难的问题，一般通过正确的参数匹配加以解决。接触定义中需选取接触刚度、最大渗透量、阻尼系数和非线性指数 e 等参数。对 e 的选取前面已提及，在此不重复，其他 3 个参数一般以材料特性、几何形状等为依据选取，很多文献都有基于大量试验的经验数据可供参考。另外，接触刚度也可通过有限元计算近似得到。刚度的选取是关键，除依据材料特性和几何特性外，还应使求解过程中接触力不至于破坏构件间的约束关系。此外，步长应尽量取得小，也可以在一定程度上解决数值求解困难问题。

对于接触力突然消失的问题，通过多次仿真试验，认为产生这种现象可能有以下几方面原因。

（1）参与接触的零部件结构复杂，现有判断准则不能够正确判断接触发生与否，就会产生穿透现象。

（2）积累误差的影响，由于在计算过程中误差一步一步地积累，当误差积累到一定程度的时候就超过了系统默认的误差。

（3）在仿真计算过程中，接触发生时步长就变得很小，如果仿真时间较长，就会产生很多中间结果，但 ADAMS 不像某些有限元软件，它只能将中间结果暂时储存在物理内存和虚拟内存之中，只有等整个仿真过程结束且用户给出存盘指令后才将仿真结果保存下来，而其他软件能将中间结果自动存盘。在仿真过程中，大量的内存用于存放先前的结果导致内存不够大，后续结果就会引起丢失，或引起动态刷新不正常，使与形体关联的 shell 文件中的当前数据不正确，从而引起接触判断的失误，造成接触力突然消失。

经过长时间的试验，发现对模型进行分割形体对仿真速度提高有一定的帮助，而采用分段仿真的办法可以解决 ADAMS 求解多接触不理想的问题。

2. 基于 ADAMS 的分段仿真和数据处理

基于 ADAMS 的分段仿真是指为解决 ADAMS 软件系统对多接触模型处理的不理想，尤其是发生接触力突然消失的问题，将需要仿真的整个时间段按照需要分割成数个小的时间段，分别进行仿真，从第二段开始，每一小段仿真的结果为下一段仿真的初始条件，最后将所有结果保存在一个文件中。分段仿真和动力学初值问题求解在原理上是一致的。

实现分段仿真的办法是自动调用 ADAMS 的 Save 命令和 Reload 命令，在进行第一段仿真时，利用 Save 命令将当前的所有动力学参数值和系统变量存在一个后缀名为 .res 的文件中，下一段仿真开始之初，用 Reload 命令将上一段仿真的结果作为当前段仿真的初始值进行仿真，同时将每一段仿真的结果输出到一个结果文件，以便最后的数据融合。仿真结束后将有

. res、. gra 和 . msg 格式的 3 个结果文件，将这些文件中的结果导入输弹系统的模型中，就可以对模型进行分析。

为实现系统的分段仿真，利用文本编辑器创建 ADAMS/Solver 仿真文件来控制仿真，这里要强调的是文件必须以 . acf 为扩展名进行保存。该输弹系统虚拟样机的 ADAMS/Solver 仿真文件如下：

```
ram. adm
ram
DEACTIVATE/SENSOR，ID = 2
DEACTIVATE/SFORCE，ID = 3
DEACTIVATE/SENSOR，ID = 3
DEACTIVATE/SFORCE，ID = 21
SIMULATE/DYNAMIC，END = 4，DTOUT = 1. 0E - 002
DEACTIVATE/SENSOR，ID = 1
DEACTIVATE/SFORCE，ID = 17
ACTIVATE/SENSOR，ID = 2
ACTIVATE/SFORCE，ID = 3
SIMULATE/DYNAMIC，END = 4. 5，DTOUT = 1. 0E - 002
DEACTIVATE/SENSOR，ID = 2
DEACTIVATE/SFORCE，ID = 3
ACTIVATE/SENSOR，ID = 3
SIMULATE/DYNAMIC，END = 6. 5，DTOUT = 1. 0E - 002
DEACTIVATE/SENSOR，ID = 3
DEACTIVATE/SFORCE，ID = 20
ACTIVATE/SENSOR，ID = 2
ACTIVATE/SFORCE，ID = 21
SIMULATE/DYNAMIC，END = 7，DTOUT = 1. 0E - 002
Stop
```

4.2 输弹系统仿真分析

输弹系统由协调器、输弹机、弹丸、药筒、输弹液压系统等组成。协调器用于接转供弹机的弹丸，并带动弹丸转动到射角位置，再将弹丸摆到输弹线；输弹机固定在防护舱的后部，将输送到输弹线上的弹丸或药筒迅速可靠地输送到炮膛内；输弹液压系统为输弹机、协调器上的托弹盘及防护舱上的托药盘提供动力，满足输弹机输弹/收链、输药/收链、托弹盘起落与托药盘起落运动不同速度的要求。输弹系统的工作过程为：供弹机将弹丸推到协调器托弹盘上，协调器带着弹丸和炮身协调，使弹丸轴线和炮膛中心线平行，托弹盘带着弹丸翻转到输弹线上后输弹、收链，托弹盘返回，托药盘带着药筒翻转到输弹线上后输药、收链，托药盘返回。

在对输弹系统进行深入分析的基础上，对三种工况：0°、30°和65°装填角条件下的协调器协调→托弹盘向输弹线翻转→输弹机输弹（推壳）→输弹机收链→托弹盘回盘复位→托药盘向输弹线翻转→输弹机输药→输弹机收链→托药盘回盘复位的一个全循环过程进行了仿真分析。

仿真工况设置：

（1）火炮位于水平面上，输弹模式为自动。

（2）协调器建模时设定为水平角度，需要先协调到接弹角度6.5°。

（3）药筒已由人工放置于托药盘内。

（4）装填角为0°、30°和65°三种工况，各进行自动输弹、输药一次。

4.2.1 协调过程仿真分析

协调器用于接转弹丸，并将弹丸送到输弹线上，在输弹机输弹入膛后，协调器返回原位。

　　本虚拟样机建模时将协调器设置为水平方向。由于协调器是在 6.5°接弹，所以协调器先协调到接弹角度，然后再协调到设定射角，本书以 0°、30°和 65°装填角为例对协调器进行分析。由图 4 - 2 ~ 图 4 - 5 可知，0°、30°和 65°装填角的协调时间分别为 0.099 3 s、0.358 2 s 和 0.899 4 s，在 1.2 s 内完成任意角协调，并且装填角越大，所需协调时间就越长，装填角与协调时间成正比。由于协调器是在 6.5°接弹，之后协调器与炮身协调，0°装填角与 30°、65°装填角的协调方向不一样，所以协调过程中协调器的运动趋势是不一样的。

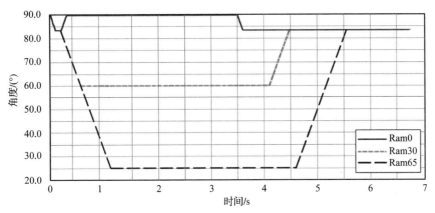

图 4 - 2　协调角度曲线

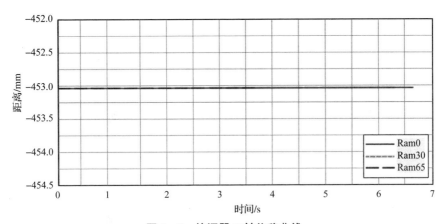

图 4 - 3　协调器 X 轴位移曲线

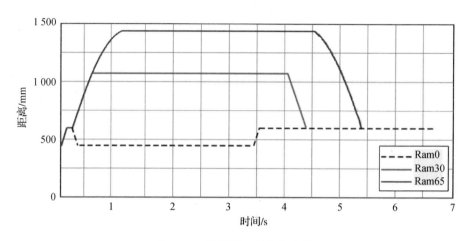

图 4 - 4　协调器 Y 轴位移曲线

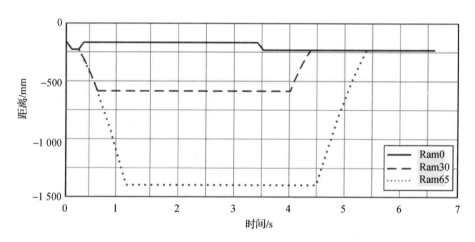

图 4 - 5　协调器 Z 轴位移曲线

　　由于弹丸底部与后挡门间有段空隙，在协调过程中弹丸在重力作用下下滑，其速度在协调速度分量的基础上逐渐增大，由于 65°比 30°时重力分量大，所以加速度要大一些，当弹丸与后挡门接触后与托弹盘一起协调运动，图4 - 6 为弹丸速度曲线。由于 30°和 65°装填角协调器协调速度大致相等，所以弹丸沿射向的速度分量的数值基本相等，当协调到位后速度变为0。

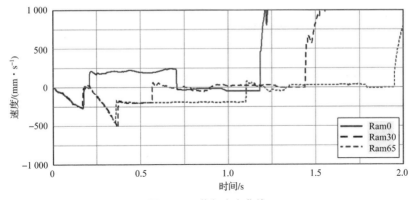

图 4 - 6　弹丸速度曲线

4.2.2　输弹过程仿真分析

在输弹过程中，由于托弹盘拨叉与弹丸弹带的剐蹭作用，弹丸会有一个小的速度降，如图 4 - 7 所示。在 0°装填角时，输弹机负载只有弹丸和链条运动时产生的摩擦阻力，而非 0°装填角时负载还包括沿射向运动件的重力分量，因此随着装填角的增大输弹机的负载是增大的，弹丸的强制输弹末速度是随着装填角的增大而略有下降，基本保持在 3 ~ 3.5 m/s，能够满足弹丸可靠卡膛的速度要求。

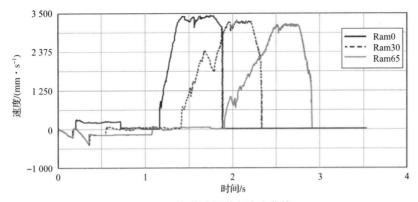

图 4 - 7　输弹过程弹丸速度曲线

弹丸经过加速后按设计意图应按恒定的速度入膛，但是由于在输弹过程中链传动固有特性及链头与弹底的接触是周期性的，所以弹丸速度是波动的。图4-7中显示弹丸速度在增大过程中出现了一个明显的波峰波谷，速度出现了波动，分析原因是弹丸在加速过程中弹带与托弹盘拨叉相互作用产生的阻力导致这一速度降的产生。之后弹丸速度达到恒定，弹丸弹带与膛线起始部发生碰撞，弹丸速度骤降为0并卡膛，由弹丸在膛内运动可以看出，卡膛时弹丸的姿态是有所变化的，其轴线与伸管轴线并不完全重合，而是存在一个小的夹角。这一个夹角的存在是否会对内弹道过程产生影响仍需做进一步的研究和探讨。

摆弹到位后，液压马达开始工作，通过减速装置带动链轮转动，通过链条头推送弹丸入膛。由于输弹起始时刻，链头与待输送弹丸底部有一段距离并不贴合，所以当链头与弹丸底部接触时其速度出现了明显的突变，但这一过程是极为短暂的，之后链头将弹丸推送入膛。

双联泵提供恒定的流量，所以马达转速经过短暂加速达到恒定。图4-8所示为链头运动曲线，可以看到链头的速度并不是恒定的，而是有小幅振荡，这是由链传动的固有特性（多边形效应和啮合冲击）决定的。当链条伸出一定长度并触发行程开关后，电磁换向阀控制液压油流向使马达反转开始收链过程，其动作过程与输弹过程相似，只是负载和运动方向相反。在收链即将到位时触发行程开关，马达停止转动，输弹链条收到位，由于惯性冲击调位器支座，速度迅速降为0。

4.2.3 输药过程仿真分析

输药过程是将托药盘上的药筒推送入膛，并由药筒触发抽筒子耳轴动作完成输药关闩动作。由于药筒径向尺寸较大，在输药过程中能否与伸管可靠地对中成为输药成功的关键，所以挡弹板设计的弧长较长并且设置了专门的导引机构以使药筒能够顺利入膛。在输药筒时，链条长度不是调出

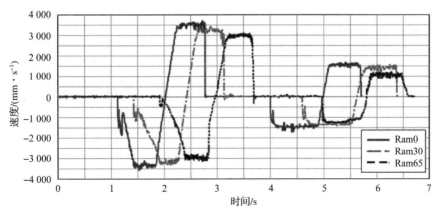

图 4 - 8　链头运动曲线

来的，而是触发了关闩开始信号马达开始换向收链。

图 4 - 9 所示输送过程的药筒速度曲线，其基本保持在 1.5 m/s 左右。由于随着装填角的增大，负载呈增大趋势，所以 65°装填角时，药筒平均速度最小。由于输弹链的固有特性和链头与药筒底部的碰撞作用，药筒速度波动比较明显，而且波动的幅度随着装填角增大而增大，主要是由于链头与药筒底部碰撞的相对速度变大了。药筒在链头推力作用下以较大的加速度加速与链头分离，之后在摩擦阻力和重力分量作用下减速并与链头再次发生碰撞，这样一直持续到输药筒到位。

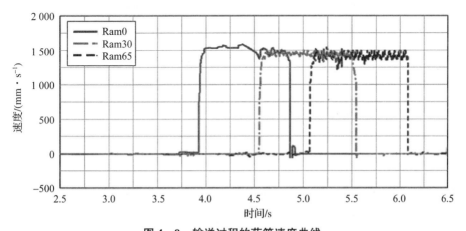

图 4 - 9　输送过程的药筒速度曲线

4.2.4 影响仿真精度的因素分析

输弹机构振荡，不太稳定，这是由诸多原因导致的，归结起来主要有以下几个方面。

（1）为了便于仿真，建模时将模型做了适当的简化，对模型精度有一定的影响。

（2）由于参数不全，且一些软参数难以确定，只能使用默认值，如液压缸的黏性阻尼系数、管壁的粗糙度等，它们对液压系统的动态性能都有影响。

（3）系统比较庞大，影响因素较多，某些参数可能对结果有影响。此时，各个参数的影响又是相互的，且影响较复杂。应对系统的原理及参数做进一步深入研究，方可使仿真精度更高。

4.3 本章小结

本章研究了输弹系统在静参考系中的动力学问题。针对 ADAMS 软件处理多接触不理想的情况进行了深入分析，提出了 ADAMS 分段仿真法，编写了脚本仿真文件，解决了接触力突然消失的问题；通过仿真求解了输弹系统在惯性系中的动力学模型，获得了系统的动态响应，基于仿真模型研究了输弹系统的动态特性和运动规律。

第 **5** 章

基于虚拟样机的故障仿真方法及应用研究

在机械系统研究领域，由于机械结构的复杂性、故障模式的多样性，进行故障研究的传统方法是基于实物样机的故障模拟，即根据系统之间的相似性建立与实物样机完全一致的物理模型或成比例缩放的缩比模型，通过在模型中人为设置故障（人工打磨齿面，加入水、酸、固体磨粒或其他杂质）来模拟实物样机故障状态的动态特性，研究对象大多仍集中于齿轮、轴承等旋转机械的故障[128-132]。这种研究方法的不足之处在于：①物理故障的设置和故障状态下系统特征信息的提取不易；②故障行为的不可预知性使得故障模拟试验存在较大的安全隐患；③具有破坏性的故障试验几乎无法实施；④代价高昂。由于以上不足，其应用范围受到很大的制约。为有效克服传统故障研究方法的不足，将仿真技术应用于故障研究领域不失为一种新的思路。

在仿真技术应用于故障研究方面，电路及电力系统应用领域提出较早，应用广泛，取得了丰硕的成果[133-135]。在机械系统领域，故障仿真还存在很多问题，研究工作仅仅局限于对具体研究对象进行故障影响因素分析[136-140]，对于故障仿真的方法、过程框架及故障注入技术等方面的理论研究几乎等于零，而且将故障仿真应用于故障机理分析、故障特征提取等方面的研究也很少。因此，开展基于虚拟样机的故障仿真方法及应用研究有很重大的现实意义，本章将针对这一问题进行探讨。

5.1　虚拟样机故障仿真的过程及功能

5.1.1　虚拟样机故障仿真的过程

将虚拟样机技术应用于故障研究领域，可有效发挥其优势。图 5-1 为本书提出的虚拟样机故障仿真过程框架图，其分为模型层和功能层。模型层包含虚拟样机技术（如三维建模理论、仿真技术、多体系统动力学、液压理论及电气、控制理论等）、故障注入技术（包括故障注入方法和故障触发机制）以及 VV&A。功能层包括对系统的优化设计、可靠性评估、状态性能评价、故障机理分析及故障诊断等内容。

虚拟样机技术、故障注入技术和 VV&A 构成了虚拟样机故障仿真的三大支撑技术。从图 5-1 可以看出虚拟样机技术是故障仿真的基础和核心，故障注入技术是实现手段，贯穿始终的 VV&A 是保证虚拟样机故障仿真可信的关键。

5.1.2　虚拟样机故障仿真的功能

虚拟样机故障仿真的主要功能如下。

（1）通过虚拟样机仿真可以获得研究对象在开发流程每个阶段的更完

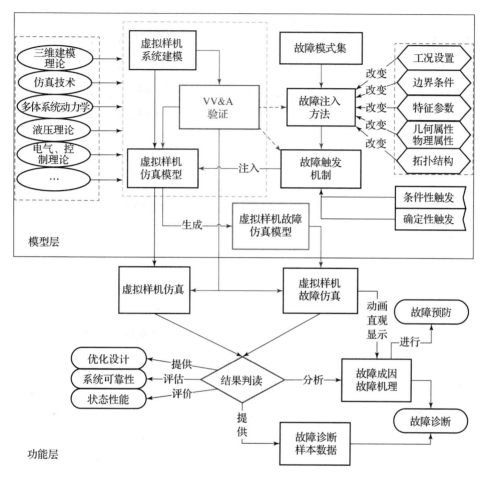

图 5 - 1　虚拟样机故障仿真过程框架图

善的设计信息和系统的动态特性，对系统状态进行评价和可靠性评估，极大限度地减少实物样机试验带来的高额资源消耗，从而缩短研发周期和降低成本。

（2）通过仿真可以为系统地优化设计提供方案，从而扩大设计方案的备择集，使得系统设计更加科学，从而提高研发产品的质量，提高产品竞争力。

（3）通过虚拟样机故障仿真可以获得研究对象在各种可能故障（包括

潜在故障）情况下的动态响应及直观的动画显示，为分析故障成因、故障机理提供近乎完备的故障信息，从而进行有效的故障预防。

（4）通过故障仿真与无故障仿真结果的判读，可以为系统实时故障诊断提供样本集和故障特征，便于系统故障的快速寻因定位和实时的故障诊断。

5.2　虚拟样机故障仿真关键支撑技术

5.2.1　虚拟样机技术

虚拟样机技术被称为 21 世纪先进制造模式的关键使能技术，已成为世界各国重点研究的新热点。虚拟样机技术，建立在数字模型的基础上，利用虚拟现实在可视化方面的强大优势以及可交互探索虚拟物体的功能，对产品进行几何、功能、物理等方面的交互建模与分析，将不同领域开发的模型结合在一起，从各个角度来模拟真实产品，支持并行工程方法学，支持多领域的协同设计[141,142]。它是一种基于仿真的设计（Simulation - Based Design），是以并行工程为指导，以 CAX/DFX 技术为基础，以协同仿真技术为核心的先进数字化设计方法，它是虚拟样机故障仿真的基础。

虚拟样机技术涉及多体系统运动学与动力学建模理论及其技术实现，是基于先进的建模技术、多领域仿真技术、信息管理技术、交互式用户界面技术和虚拟现实技术的综合应用技术[140]。

虚拟样机是实际产品在计算机内部的一种表示，包括功能、性能、外观等方面，可以看作基于相似性原理的一种映射，这种映射能够保证虚拟样机的仿真结果与物理样机的测试结果在精度范围内等同，从而可用仿真替代测试[140]。

虚拟样机参数化的建模方法不仅提高了虚拟样机的建模效率和模型的

可重复利用率，也为故障仿真过程中故障的注入提供了可能，并且使得故障仿真更加高效。针对不同的故障模式，研究人员只需选择相应的故障注入手段便可对不同故障进行高效的仿真。

5.2.2　故障注入技术

故障注入技术最早在 1972 年就由 Harlan Mill 提出，用以对程序的可靠性进行评估，之后便得到迅速发展，研究主要针对集成电路[143]。但是机械系统的故障注入与之有很大的不同，并且故障注入的实施要困难得多，这是由机械结构的复杂性和故障模式的多样性决定的。在进行虚拟样机故障仿真研究时，必须深入研究各种失效模式的物理意义及其表现形式，对故障模式的基本属性、故障模式之间的内部关系以及故障模式与系统结构的关系进行研究分析，根据不同的故障模式将故障模式集转化为几种故障注入类型。

故障注入技术用以解决故障模型的建立和故障模型与系统模型的合理融合。基于虚拟样机故障仿真的故障注入技术应包括三个方面：故障模型化描述、故障注入方法和故障触发机制。

1. 故障模型化描述

故障模型应该是物理错误的抽象，并能反映其本质的一定程度的组合。故障模型是故障注入技术的首要和重要的一个部分。故障模型化描述是对故障公共属性的表征，是对故障基本属性和故障模式集之间的内部关系以及它们与系统动态结构间关系的抽象化定义和描述。不同故障的模型化描述影响故障注入方法及故障触发机制的选择。在对故障进行模型化描述过程中必须深入分析研究各种故障的故障模式及其物理意义。复杂系统在运行过程中表现的故障可能是多种多样的，而且还有些类型的故障具有隐蔽性、潜伏性，因而在对故障模型化描述时应遵循以下两个基本原则[144]。

（1）广泛性，即故障模型应能准确地反映某一类故障对系统的影响。

（2）易处理性，即故障模型应尽可能简单，易于进行故障注入。

2. 故障注入方法

对于复杂的武器装备系统，它的失效模式可能有上千种，对于这样含有大量故障模式的研究对象，要实现故障注入的自动化和故障注入的连续性是比较困难的。尤其是机械系统涉及面广、故障数据分散，故障模式多样，在进行故障仿真时，故障模式集的确定必须界定一个范围。

通过对多种故障模式的分析和总结，本书提出了以下五种故障注入方法。

1）改变工况设置

工况是系统运行的外部环境的总称。实际中工况的突变往往引起机械系统应力水平的变化，是诱发复杂机械系统故障的重要原因。因而，通过改变工况设置进行故障注入是一种非常有效的故障注入方法。

2）改变边界条件设置

边界条件是指机械结构运行边界的约束条件，正确设置是虚拟样机仿真的重要前提，也是难点问题，如人机耦合就是一种非常复杂的边界问题。复杂装备在运行中由于边界条件的变化，使得动作范围超限从而导致应力水平发生显著变化，将直接导致故障发生。实际通过改变边界条件的故障注入方式进行故障仿真时必须故障边界条件设置的合理性，否则仿真结果没有实际意义。

3）改变特征参数

对于一些故障模式可以抽象为表征这些故障的故障特征参数。往往故障的发生就是由于这些特征参数发生了不同程度的改变，超出了系统容许的限值，引起系统性能的退化。将故障以特征参数偏离正常取值阈的形式引入系统的仿真模型是最为通用的故障注入方法。

4）改变几何及物理属性

机械系统很大一部分故障起因就是零件几何属性和物理属性的变化，

如机械磨损引起构件的外形发生变化，构件间的运动参数和力学参数的传递会发生变化，从而导致故障发生。这些故障模式就可以通过改变样机的几何轮廓及物理属性的方式进行故障注入。

5）改变拓扑结构

许多故障的产生是由于特定故障模式导致系统的拓扑构型发生变化，致使系统自由度、运动状态或作用力空间的突变，如理想铰变成间隙铰，这种情况下故障仿真时就需要通过改变虚拟样机的拓扑构型来进行故障注入。

由于复杂系统故障模式的多样性、复杂性以及故障注入方法的限制，在故障仿真时必然会存在着很多不便注入的故障模式，这时就需要通过等效的方式将这些故障模式转化，以便故障注入及分析。

3. 故障触发机制

故障的触发机制是指在虚拟样机故障仿真过程中用以控制故障发生与否以及发生时机的规则和方法。通过引入故障触发机制可以仿真更为复杂的故障，能够对故障的发生与否及故障的发生时机进行有效的控制，较为真实地仿真故障的发生，这也是实现故障仿真自动化的必然要求。本书引入以下两种故障触发机制。

1）确定性触发机制

确定性触发机制的引入主要是针对具有"不是即否"明确属性的故障模式。通过确定性触发来仿真分析系统的故障行为状态。

2）条件性触发机制

条件性触发机制的引入目的是解决具有模糊性故障模式及联锁故障的触发问题，可以实现故障仿真的自动运行。当系统运行参数满足故障触发条件时，故障被自动触发，从而仿真得到系统的故障行为。

5.2.3　VV&A 方法

虚拟样机故障仿真研究的目标决定了在仿真工作过程中必须保证正确

地建立了仿真模型、模型能够准确地代表物理样机，并且模型能够得到权威部门的认可，即虚拟样机模型的有效性必须得到验证和确认。仿真的有效性研究又常称为"校核、验证与确认"，它是仿真工作的生命线[140]。随着仿真技术的快速发展与广泛应用，VV&A 工作的重要性越来越突显，并已成为仿真工作的关键性基础技术。

虚拟样机故障仿真始终只能是一种理论近似系统，与实际模型有差异是必然的，在进行 VV&A 时故障仿真模型能够真实反映所要研究的目的即可认为其具有较高的可信度，而且可信是针对模型的应用域而言的。

虚拟样机故障仿真过程的 VV&A 相对于虚拟样机的 VV&A 而言具有一定的特殊性。故障仿真的 VV&A 涵盖的内容要广，它不仅要贯穿于虚拟样机建模及仿真的全过程，而且必须深入故障注入的全过程，即要对故障模型化描述、故障的注入方法及触发机制做出可信度评价。目前，对虚拟样机故障仿真的 VV&A 都从属于虚拟样机的 VV&A，甚至忽略了对故障注入这一环节的验证；在验证方式方法上还需要做进一步的探讨和研究。

1. 基本概念

模型校核（Model Verification）指的是模型在从一种形式转换到另一种形式时，是否具有足够的精度，目的是解决模型是否正确的问题。在把求解的问题转化成模型描述以及把模型转化成可执行的计算机求解程序过程中，其精度的评估就是模型的校核问题。

模型验证（Model Validation）是从预期应用的角度来确定模型表达实际系统的准确程度，其目的和任务是根据建模和仿真的目的和目标，考察模型在其适用范围内是否准确地代表了实际系统，达到了仿真与建模的目的。

模型确认（Model Accreditation）是一权威机构对是否接受模型的决定，它表明官方或决策部门已确定模型适用于某一特定的目的。

2. VV&A

众多学者对 VV&A 的原则及验证方法进行了研究，然而对大型复杂系统，理论上进行模型验证仍然是非常困难的。当考虑系统结构参数、物理参数以及环境参数的随机性时，模型的验证问题也受到了国内外的学者的重视，这些学者对其进行了深入研究。针对虚拟样机故障仿真特点，对模型进行验证最为有效的办法是通过对比虚拟样机仿真结果与实际系统的试验数据，用仿真结果与试验数据的一致性来对虚拟样机故障仿真的可信度进行评价，但是必须保证验证条件具有一致性，即验证条件的同一性判定。

常用的模型验证方法如表 5-1 所示。验证方法分为定性和定量两大类：定性方法是通过主观确认的方法或者计算某个性能指标值来考核仿真输出与实际系统输出之间的一致性，它最终只能给出定性结果；定量方法（如谱分析法）可以对仿真结果与实际系统运行结果之间的一致性进行定量的分析，它适用于对试验结果的动态性能的验证。在决定采用何种方法时，应考虑方法的适用范围及研究对象的特点，综合选用多种方法，从不同角度对仿真模型进行验证。

表 5-1 常用的模型验证方法

主观确认法	动态关联分析法	数理统计方法			时-频分析法
		参数估计法	参数假设检验	非参数假设检验	
直观有效评价	模糊综合评判	点估计	T-检验	符号检验	时间序列分析
事件有效检验法	灰色关联法	区间估计	F-检验	秩和检验	古典谱估计
内部有效性评价法	人工神经网络	最小二乘估计	χ^2-检验	游程检验	现代谱估计
预测有效性确认法	回归分析	极大似然估计	K-S检验	序贯检验	小波分析

主观确认法	动态关联分析法	数理统计方法			时－频分析法
		参数估计法	参数假设检验	非参数假设检验	
动画法	⋮	Bayes 方法	⋮	⋮	⋮
曲线对比法		⋮			
专家评判法					
⋮					

5.3 输弹系统故障模型建立

5.3.1 机械系统故障仿真模型

1. 弹簧刚性减弱故障仿真模型

$$F = -k(l - l_0) - c\frac{\mathrm{d}l}{\mathrm{d}t} + F_0 \tag{5-1}$$

弹簧模型如式（5-1）所示。其故障一般表现为弹性减弱，也即刚度的下降，所以弹簧故障特征参数为刚度 k。

故障注入采用改变故障特征参数的方法：

$k\downarrow(k_0 \sim 0)$，表征弹簧的劣化过程，故障原因主要是弹簧在使用过程中的应力松弛，但更多情况下是由于使用过程中操作不当，弹簧伸缩量超限产生塑性应变，如托弹盘后挡门复位簧、压壳板拉簧弹性减弱故障。

2. 链轮磨损故障仿真模型

传递动力过程中链轮与链条滚子频繁的接触摩擦会使链轮产生外廓磨损，链轮轮廓的改变直接影响动力传递特性发生变化。为了研究链轮外廓磨损后链传动系统特性的变化规律及对供输弹的影响规律，需要建立链轮磨损故障仿真模型。

　　故障注入采用改变链轮几何属性的方式进行，这需要借助 Pro/E 的参数化建模功能，通过修改链轮轮齿曲线参数重新生成磨损后的链轮，质量、转动惯量等信息也会自动更新，如图 5 - 2 所示。通过编辑 ADAMS 模型的 ∗. cmd 文件实现与原来构件的相互替换，完成故障的注入。

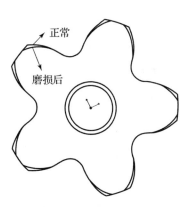

　　3. 链条磨损故障模型

图 5 - 2　链轮磨损故障模型

　　链条磨损是链条传动中的常见故障。输弹链为开式链传动，当链条伸出链盒后，两链板上端面贴合，形成一刚体。在使用中会因摩擦产生磨损，主要发生在套管与内外链板间，造成配合松动，链节距变大，链条正向弯曲弦高超差，链条有效伸出长度变短，引起输弹卡膛点速度下降，如图 5 - 3 所示。

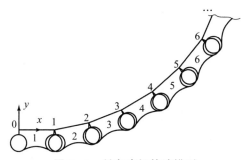

图 5 - 3　链条磨损故障模型

　　故障注入采用改变链销套筒几何形状的方式进行。在故障注入前链板与套管间为旋转铰，故障注入后属于间隙铰配合，同时链条的拓扑构型也发生了变化。

5.3.2 电控系统故障仿真模型

1. 电机故障仿真模型

电机是系统的动力源，它将电能转换为电机及执行部件的动能。电动机的特征参数为：u_a、L_a、R_a、k_d、k_m、J，而在电动机故障时一般表现在电枢线圈的电感 L_a、电阻 R_a 以及电机内部阻力 T_f 的变化上，因而将这 3 个参数作为电动机故障特征参数。

故障的注入采用改变故障特征参数的方法：

$T_f \uparrow$（$T_f \rightarrow +\infty$），表征电机内部机械阻力矩变大，其故障原因可能是轴承损坏，定、转子摩擦等，T_f 超过电机电磁力矩时，表征电机转子彻底卡死。

$R_a \uparrow$（$R_a \rightarrow +\infty$），表征电机内部功率损耗变大，电磁力矩 T 减小，其故障原因可能是线圈局部接触不良，$+\infty$ 表征电枢线圈断路。

$L_a \uparrow$，表征在模型中加入低阻抗回路，其故障原因可能是定转子摩擦引起绕组匝间短路电动机异常温升。

2. 降压启动盒故障仿真模型

降压启动盒用于降低油源电机启动时过大的电流，延长电机使用寿命。一般故障部件为接触器和时间继电器异常，故障原因可能是振动引起接触不良或接触器、时间继电器故障。

故障 1：时间继电器异常

故障注入方式为引入故障状态函数。设时间继电器的输出为 S_{out}，定义故障状态函数为

$$\delta = \begin{cases} 1 & 正常 \\ 0 & 异常 \end{cases} \qquad (5-2)$$

则时间继电器的故障模型表示为

$$S'_{out} = \delta \cdot S_{out} \qquad (5-3)$$

通过式（5-3）表示的故障模型分别引入降压启动盒中两个时间继电器模型，即可仿真分析出时间继电器故障对系统的影响。

故障 2：接触器工作异常

接触器工作异常表现为常断或常开，不受时间继电器控制。故障的注入方式为引入故障状态参数表。设时间继电器的控制信号为 S_{out}，则故障状态表如表 5-2 所示。

表 5-2　接触器故障状态表

控制信号	正常	常断	常开
开	1	0	1
关	0	0	1

故障 3：保险故障

故障注入方式为引入故障状态函数。设保险的状态函数为

$$S = \begin{cases} 1 & 0 \leq i < I \\ 0 & i \geq I \end{cases} \tag{5-4}$$

式中：i 为主回路电流；I 为电流限值。

则故障时其模型表示为

$$S' = \delta \cdot S \tag{5-5}$$

3. 传感器类及行程开关故障

供输弹系统中传感器及行程开关用以控制各动作步的起止，其故障会导致系统不动作或动作不到位。

故障 1：传感器、行程开关输出恒偏差

故障注入采用改变传感器、行程开关参数值的方式。假设传感器、行程开关的设置值为 S_{set}，则引入偏差 ΔS，故障时模型输出值可表示为

$$S'_{set} = S_{set} \pm \Delta S \tag{5-6}$$

故障 2：行程开关触动机构故障，无触点信号

故障注入采用引入故障状态函数的方式，同式（5-2）、式（5-3）。

故障原因可能是振动使行程开关触动机构位置发生偏移或安装不正确。

5.3.3 液压系统故障仿真模型

对于液压系统故障仿真主要是应用改变特征参数的方式进行。

1. 双联泵故障仿真模型

双联泵是将油源电机的动能转换为液压能的能量转换元件，向液压系统提供液压能。

故障：泵泄漏严重，容积效率下降

泵的泄漏仿真模型为在泵的进出油口间及出油口间并联了一个环形间隙，通流量即可表征由泵高压腔向低压腔的对流，可以仿真分析油液黏度变化引起的泄漏、磨损引起间隙的变化。泵泄漏的故障特征参数即为环形间隙 $h_{bp,ori}$、$h_{sp,ori}$。

故障的注入采用改变故障特征参数的方法：

$h_{ori} \uparrow (h_{ori}^{o} \rightarrow h_{ori}^{max})$，表征故障特征参数 h_{ori} 由初始状态 h_{ori}^{o} 向故障状态 h_{ori}^{max} 的劣化，其故障原因可能为内部配合副之间的缝隙泄漏以及内部各封闭容腔之间由于密封件失效而引起的泄漏。

2. 溢流阀故障仿真模型

溢流阀用以确定液压泵及整个液压系统的工作负载，在过载时起到保护系统的作用。溢流阀的特征参数为开启压力 p_c、阀口全开压力 p_{fo}、最大通流面积 A_{max} 及响应时间 t_{dy}。

故障的注入采用改变故障特征参数的方法：

故障1：压力调不上去

p_c，$p_{fo} \downarrow$，表征调定压力下降，故障原因可能是调压簧弯曲、弹性减弱、主阀芯封闭性差或是主阀芯卡滞。

故障2：压力超调量大，有噪声

$A_{max} \downarrow$，表征溢流阀有效通流面积变小，故障原因可能是油口堵塞、溢流阀不匹配。

故障 3：工作时黏滞明显，压力波动范围增大

$H_{yp}\uparrow$，表征溢流阀黏滞的特征量，故障原因可能是主阀芯摩擦力变大，主阀芯有时有卡住现象，移动不灵活。

3. 电磁换向阀故障仿真模型

电磁换向阀是液压控制系统和电气控制系统之转换元件。它由液压机械中电气控制系统发出信号，使电磁铁通电吸合或断电释放，从而直接控制阀芯移位，来实现油流的沟通、切断和方向变换，操纵执行机构动作。

故障：阀芯换向后通流量不足，压力降过大

故障仿真时引入故障因子 $\alpha \in [0, 1]$，进行故障注入。假设电磁换向阀的最大通流面积为 A_{max}，则电磁换向阀的通流面积可以表示为

$$A'_{max} = \alpha \cdot A_{max} \tag{5-7}$$

$\alpha = 0$，表征电磁换向阀主阀芯不运动，其故障原因可能是电磁铁故障、主阀芯卡死或弹簧断裂不能复位。

$0 < \alpha < 1$，表征阀开口量不足，故障原因可能是电磁换向阀阀芯与阀体间隙过小，移动中有卡死现象，或是复位弹簧弹性减弱，推力不足引起阀芯行程不到位。

$\alpha = 1$，表征正常状态。

4. 单向节流阀故障仿真模型

单向节流阀是简易的流量控制阀，正向流通时可改变节流口通流面积的大小，以调节流量，反向时起单向阀的作用。其故障特征参数为开启压力 p_c、阀口全开压力 p_{fo}、通流面积 A_{adjust}。

故障注入方式采用改变故障特征参数的方法。

故障 1：节流口发生阻塞

故障特征参数为正向通流面积 A_{adjust}。

$A_{adjust}\downarrow$，表征节流口面积变小，故障原因主要是油液中含有杂质或油

液因高温氧化后析出的胶质等黏附在节流口表面。

故障2：正反向均节流

故障特征参数为单向阀开启压力 p_c、阀口全开压力 p_{fo}。

p_c，$p_{fo}\uparrow$，表征开启压力上升，故障原因可能是主阀芯卡滞，液流反向流动时单向阀不开启，液量只通过节流口流动。

5. 液控单向阀故障仿真模型

液控单向阀亦称液压操纵单向阀或单向闭锁阀，它是在普通单向阀上增加液控部分，广泛应用于各类型锁紧回路、充液阀回路、蓄能器供油回路等。

故障1：反方向不密封有泄漏

故障注入采用加入等效回路的方式。

可能原因是单向阀弹簧侧弯、变形、弹性减弱，阀芯与阀孔配合过紧、卡滞。

故障2：反向打不开

故障仿真时引入故障因子 $\alpha \in [0, 1]$ 进行故障注入。

设液控单向阀的控制油路压力为 p_L，则故障状态时为

$$p_L' = \alpha \cdot p_L \tag{5-8}$$

$\alpha = 0$，表征控制油路无压力，其故障原因可能是控制油路不通油，也可表征控制阀芯卡死、单向阀阀芯卡死。

$0 < \alpha < 1$，表征阀控制油路压力下降，故障原因可能是控制油路通油不畅。

$\alpha = 1$，表征正常状态。

6. 液压马达故障仿真模型

液压马达是液压系统中的能量转换元件，它将输入的油液压力能转换成输出的机械能，驱动负载实现旋转运动。

故障：液压马达泄漏

马达的泄漏仿真模型为在马达高低压腔并联了一个环形间隙，通流量即

可表征由马达高压腔向低压腔的对流，可以仿真分析油液黏度变化引起的泄漏、磨损引起间隙的变化。马达泄漏的故障特征参数即为环形间隙 h_{mo}。

故障注入采用改变故障特征参数 h_{mo}，用以表征马达的劣化过程。

$h_{mo} \uparrow (h_{mo}^o \rightarrow h_{mo}^{max})$，表征故障特征参数 h_{mo} 由初始状态 h_{mo}^o 向故障状态 h_{mo}^{max} 的劣化，其故障原因可能为内部配合副之间因磨损引起的泄漏、封闭容腔之间由于密封件失效而引起的泄漏。

5.4　输弹系统故障仿真分析

故障仿真结合供输弹系统在实际中暴露的问题，并选择具有代表性的故障进行研究，以明确故障原因、故障机理和故障特征，为故障的诊断及预防提供理论依据。

5.4.1　弹性减弱故障仿真

1. 后挡门复位簧弹性减弱故障仿真

后挡门由弧板、后挡板和衬板组成，后挡板焊接于弧板上，并与衬板铆接。弹丸被推送进入托弹盘时会与后挡门衬板作用，将后挡门顶起以便进入托弹盘，当弹丸完全进入后，后挡门在复位簧作用下复位，托住弹丸底部避免弹丸滑出托弹盘。弹丸与前挡弹作用后会有反弹，并且弹丸底部与后挡门之间距离很短，如果后挡门不能及时复位，则弹丸必然滑出托弹盘，影响后续输弹过程。

图 5 - 4（a）为后挡门复位簧伸长量变化曲线。弹丸开始进入托弹盘，其前端弧形部分与衬板发生碰撞，后挡门在碰撞力作用下向外翻转，并拉伸复位簧；衬板与弹体分离，在复位簧作用下减速并回翻，进而又与弹体部分发生接触，图中复位簧伸长量的波动恰好反映了衬板与弹体的反复作

用情况；弹丸与前挡板作用后反弹，后挡门复位是同时进行的，后者的时间必须小于前者才能保证后挡板挡住弹丸。

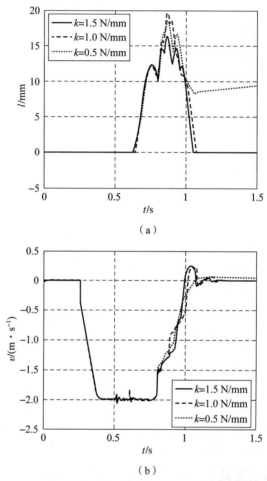

（a）

（b）

图 5 - 4　复位簧弹性减弱故障仿真曲线

（a）复位簧伸长量变化曲线；（b）弹丸速度

后挡门复位簧刚度减弱之后，复位簧伸长量明显增大，复位时间有所延长。还可以看到当复位簧刚度为 0.5 N/mm 时，复位簧不能及时复位，卡在弹体上，弹丸向后滑落，如图 5 - 4（b）所示。复位簧刚度由正常值 1.5 N/mm 减弱为 1.0 N/mm 时，后挡门仍能及时复位；当复位簧刚度为

0.5 N/mm 时，后挡门不能及时复位，为保证后挡门及时复位，必须保证其刚度不低于 1.0 N/mm。

后挡门复位簧的弹性减弱一般是由于在从托弹盘退弹时，人为掰起后挡门位移过大，复位簧超出弹性拉伸范围产生塑性变形引起的。所以建议采取两种方案解决：①在托弹盘上增加一个限位块，以防止后挡门位移过大；②可以选择长度大一些的弹簧，将弹簧本体扭成"S"形安装，以避免弹簧产生过度变形。

2. 压壳板位簧弹性减弱故障仿真

输弹时右电磁铁将互锁机构打开，协调器携弹丸向防护舱内翻转进入输弹线，由输弹机向膛内输弹。此时，协调器压在防护舱右侧的转臂上，转臂下翻，通过连杆机构以及一对锥齿轮带动压壳板下翻。转臂的右上角安装自锁装置，输弹后在拉簧的作用下回翻，柱销插入固定座内，使转臂处于自锁状态。击发后，通过电气单元控制，解除自锁位置进入待输弹位置。压壳板拉簧的作用是使压壳板回翻复位，并且复位要有力能使得柱销插入固定座内实现自锁。

仿真过程为推转臂向防护舱内翻转，当压壳板压平后松开，压壳板在拉簧作用下复位，可以考察不同刚度下复位的情况，图 5-5 为仿真结果曲线，图中反映了随着拉簧刚度的下降，复位时间拉长，并且当刚度下降到 1.2 N/mm 时，转臂回位通过柱销时会有一些阻碍，但是还可以顺利通过并回复到位，这一点可以从图 5-5（a）看到，由于拉簧在压壳过程中伸长量较长，当刚度减小后其在拉伸及回收过程作用力变化会较大，如图 5-5（b）所示。当刚度低于 1.15 N/mm 后，复位力将降低近 100 N，因而复位时间比正常刚度下要长，而且不能完全复位，转臂不能通过柱销。通过仿真试验可以得到保证压壳板拉簧复位的阈值为 1.15 N/mm，但是还需要考虑复位时间不能过长以避免与其他运动部件发生干涉，最终确定故障阈值为 1.20 N/mm。

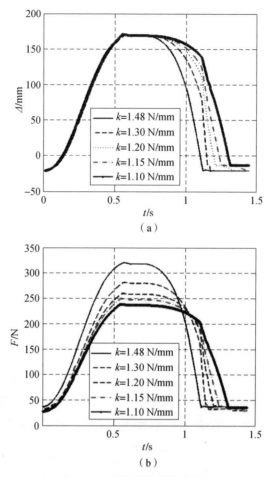

图 5 – 5　压壳板拉簧故障曲线

（a）拉簧伸长量随刚度变化；（b）拉簧力随刚度变化

5.4.2　典型磨损故障仿真

1. 链轮磨损故障仿真

链轮磨损故障仿真采用改变链轮轮廓的故障注入方法，见图 5 – 2。链轮磨损故障对两个过程有影响，一是输弹过程，二是输药过程。由于输弹采用两级输弹，链轮的转速处于平稳段的时间极短，不利于故障信息的分析，而输药过程中链轮转速有较长的时间处于平稳段，因此取输药过程进行故障仿真分析更利于故障特性的提取。

链轮正常与链轮等齐磨损量为 $\Delta\mu = 0.5$ mm 两种状态下的比较，如图 5-6 所示。从图 5-6 中可以看到由于链轮发生磨损，链齿轮廓发生了变化，输药和收链的起始段，链轮加速度有明显减小，链轮角速度均值 ω_m 与幅值 ω_A 均有所下降，原因是磨损后链轮轮齿弧段曲率半径变小，链条滚子与链轮轮齿啮合时相对滑动趋势增大，滚子啮入、啮出冲击小，但是导致了传动效率的下降，输药时间变长。收链过程，链轮角速度均值基本一致，但是磨损后速度波动幅值要小得多，原因同上。

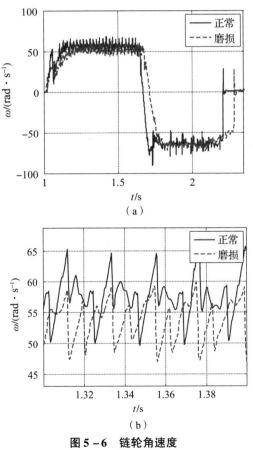

图 5-6　链轮角速度

（a）全局图；（b）1.3~1.4 s 局部放大图

从图 5 - 7 将链轮匀速段转速进行 FFT（快速傅里叶变换），得到了链轮正常和磨损量为 $\Delta\mu = 0.5$ mm 时的频谱图。从图 5 - 7 中可以看出，两种状态下频谱图均由链轮的啮合频率及倍频构成。由于链轮轮齿齿形均匀磨损，齿面不存在齿面缺陷，因而磨损故障并未引起频率组成成分的变化。磨损后的啮合频率有所减小是由于链轮转速下降造成的，对于故障诊断没有直接的观察效果。而幅值的减小是由于啮合冲击能量的减小，主要体现在基频幅值 $F_{\omega 1}$、2 倍频和 3 倍频幅值 $F_{\omega 2}$、$F_{\omega 3}$ 减小，高倍频成分幅值变化不明显。因而可以将转速的频域信息作为链轮磨损故障的故障特征。

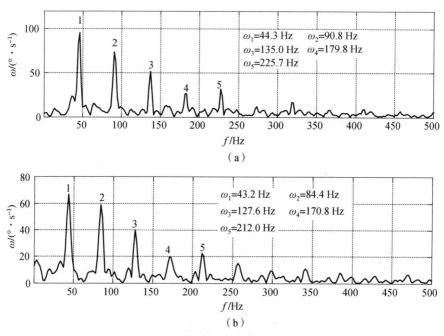

图 5 - 7　链轮匀速段转速的 FFT

(a) 正常；(b) 磨损后

图 5 - 8 为输药过程马达压力曲线，磨损使得链轮传动机械效率下降，马达压力明显高一些，这也可以作为链轮磨损故障的故障特征；收链过程，链轮换向过程马达压力保压时间增长明显，但是啮合冲击引起的压力波动幅值比链轮正常时要小。

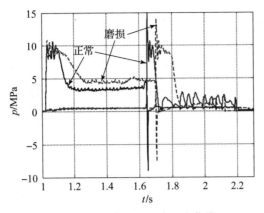

图 5 - 8　输药过程马达压力曲线

2. 链条磨损故障仿真

链条磨损后链板位置关系如图 5 - 9 所示，内、外链板的上端面不再保持平面，而是形成一个夹角，当链条总长正向弯曲度弦高超过一定量后，链条有效输弹行程 L 就不能满足可靠输弹要求。

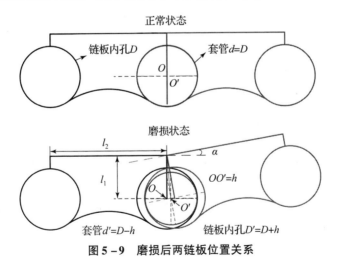

图 5 - 9　磨损后两链板位置关系

套管与链板采用相同材料，在链条使用过程中由于其相互运动产生的摩擦作用，磨损必然是同时磨损，假设套管与链板内孔径向磨损量相同，磨损量为 h，则磨损后单个链板与套管中心距偏差为 h。

由图 5 - 9 中几何关系可得

$$\alpha = 2\arctan\frac{OO'}{l_1} = 2\arctan\frac{h}{l_1} \qquad (5-9)$$

设有 n 块链板，并假设各链节磨损一致，则链条磨损后呈现图 5 - 3 所示状态。链板按两节点单元编号如图 5 - 3 中所示，则链板右节点编号与链板编号一致，坐标原点置于图中 0 点，链板各节点的位置坐标为

$$\begin{cases} x_1 = l_2 \\ x_2 = x_1 + l_2\cos\alpha \\ x_3 = x_2 + l_2\cos 2\alpha \\ \vdots \\ x_n = x_{n-1} + l_2\cos(n-1)\alpha \end{cases} \qquad \begin{cases} y_1 = 0 \\ y_2 = y_1 + l_2\sin\alpha \\ y_3 = y_2 + l_2\sin 2\alpha \\ \vdots \\ y_n = y_{n-1} + l_2\sin(n-1)\alpha \end{cases} \qquad (5-10)$$

图 5 - 10 为 50 个链板组成链条磨损量与链条形状的关系曲线，图 5 - 10 中两节点之间的线段代表链板，从图中可以看到由于链板数较多因而当链板与套管间有很少量的磨损量时，链条向上翘曲度也会比较大。输弹时由于链条伸出约 42 块链板长，链条表现出较大的挠度，输药时伸出约 24 块链板，链条挠度较小。

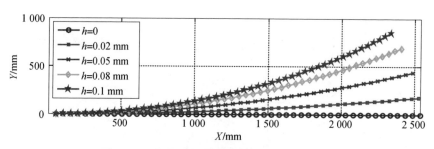

图 5 - 10　链条磨损量与链条形状的关系曲线

仍以输药过程为研究对象，当径向磨损量为 $h = 0.1$ mm 时仿真结果如图 5 - 11（a）所示。图中显示链条磨损后链轮转速的波动频率及其倍频成分保持不变。基频幅值 $F_{\omega 1}$ 无变化，但是其 2 倍频的幅值 $F_{\omega 2}$ 增大明显，3 倍频、5 倍频成分幅值 $F_{\omega 3}$、$F_{\omega 5}$ 减小。

图 5 - 11（b）显示，磨损后链条头平移速度的波动频率成分有所变化，其基频及低倍频成分保持不变，高倍频成分得到抑制。基频幅值 $F_{l\omega 1}$、

3 倍频成分幅值 $F_{l\omega3}$ 较正常时增大，2 倍频成分幅值 $F_{l\omega2}$ 减小，5 倍频成分被抑制。

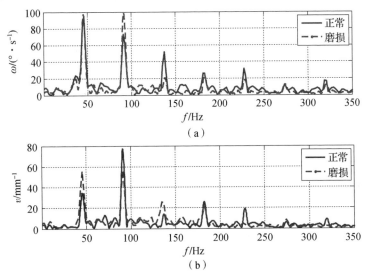

图 5 - 11　匀速段 FFT

（a）链轮转速的 FFT；（b）链条头速度的 FFT

从以上分析可以看出通过对链轮转速匀速段的 FFT，可以清晰地识别链轮磨损和链条磨损故障，可以将其作为故障诊断的故障特征加以监测。

5.4.3　电控系统故障仿真

1. 电机内部阻力 T_f 过大故障仿真

电机内部阻力过大，会导致电机电流变大，发热量猛增，转速下降，如图 5 - 12（a）、（b）所示。从电机电流和转速曲线来看，电机内阻 T_f 增大后，启动电磁扭矩 $T_e < T_f$，电机不转动；降压 1 级启动时，电机开始加速并达到稳定转速，电流随 T_f 增大而增大，降压 2 级启动时反映同样规律，电机怠速下转速明显下降。输弹过程，当 T_f 增大 10 N·m 时，电机电流始终处于超负荷运转；T_f 增大 20 N·m 时，电流超过降压启动盒保险丝

最大电流 180 A，电源被切断。

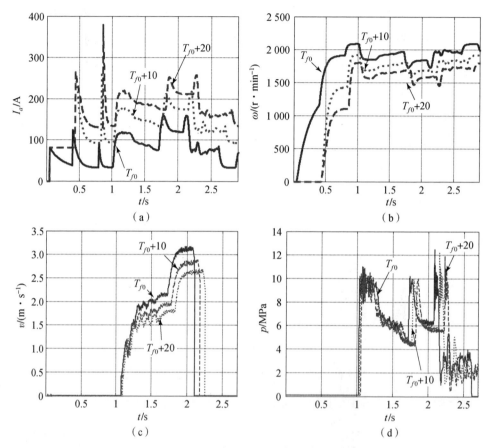

图 5 - 12　电机内部阻力过大故障仿真结果

（a）电机电流；（b）电机转速；（c）弹丸速度；（d）系统压力

当电机处于过载状态时，电机运转发出的声音会有变化，这也是对电机过载进行诊断时的一个明显特征。然而由于在自行火炮炮塔内部噪声很大，电机过载的声音故障特征被极大程度地掩盖，用"听"来判断电机是否过载几乎是不可能的。从图 5 - 12（c）、（d）中也看到，电机内部阻力过大故障时弹丸速度变化较为明显，但是系统压力变化不是很明显，说明液压系统负载变化不大，使用压力监测的方法很难对这一故障进行有效诊断，然而如果结合电机电流和电机转速，就可以较为准确地得到诊断结论。

2. 电机电枢电阻 R_a 增大故障仿真

电机电枢电阻 R_a 增大引发故障的机理是电枢电阻分压增大⇒电枢电流变小⇒电磁扭矩变小⇒电机转速下降，消耗在电枢电阻上的功率增大，电机发热量增大。故障表现为输弹链速度降低，输弹卡膛点速度达不到要求，输弹收链时间变长，系统压力和流量均表现异常，如图 5 – 13 所示。然而从压力和流量监测上不好诊断其故障原因，电枢电阻增大故障最明显的特征是输弹链速度下降，电机电枢电流减小，转速下降，因此 I_a、ω 可以作为故障特征。

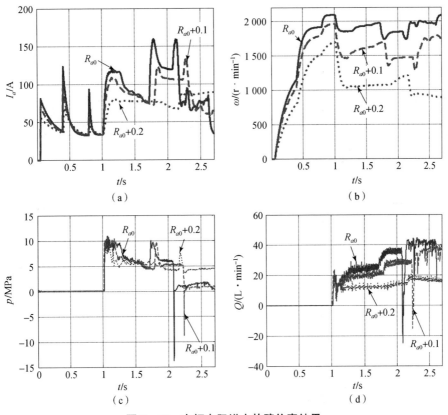

图 5 – 13　电枢电阻增大故障仿真结果

（a）电机电流；（b）电机转速；（c）马达进油口压力；（d）马达流量

3. 降压启动盒故障仿真

降压启动盒故障主要表现为时间继电器和接触器异常故障，两级降压电阻不能及时切换掉，致使电机供电不足。对应于三种故障状态：①K_1 异常，R_1 不能切换；②K_2 异常，R_2 不能切换；③K_1、K_2 均异常，电机不能启动。

从故障表现上来看，当一级电阻不被切换掉时，电机输入功率不足，启动后怠速状态电机转速也很低，约为 1 500 r/min；输弹开始后，负载扭矩增大，电机转速迅速下降，链条速度由泵的流量调定。链条缓慢爬行，输弹动作根本无法进行。而当二级电阻不被切换时，电机输入功率减小不是很大，其怠速较正常略有减小；输弹过程中，电机电流、转速与正常时变化趋势一致，但是变化幅度要大很多，双联泵供油量不足，输弹链速度达不到卡膛点要求。如图 5 – 14 所示。

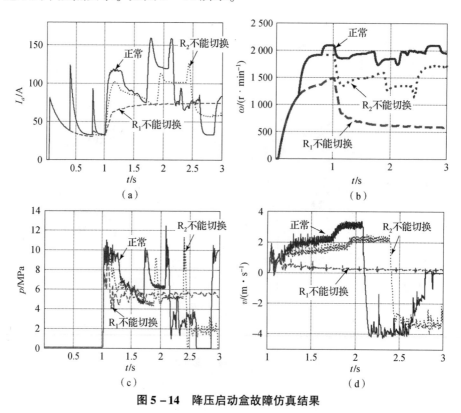

图 5 – 14　降压启动盒故障仿真结果

（a）电机电流；（b）电机转速；（c）系统压力；（d）链条头速度

　　从故障诊断角度来看，二级电阻未切换故障较一级电阻未切换故障诊断难度大一些，从压力测点观察不易判断出故障原因。以电机电流和转速为故障特征即可对故障进行准确诊断。

　　图 5 - 15 为电源系统故障对摆弹过程的影响结果曲线。从图 5 - 15 可以看出电源系统的三种故障对摆弹过程影响很小，摆弹过程只在动作的时间上稍有变化，且均能在规定的时间内完成动作。主要原因是摆弹过程中功率消耗小，并且翻转油缸在摆弹过程中所需流量小，对双联泵转速减小引起供油量变小不敏感，因此当以上三种故障发生时，直接会导致输弹不到位故障，在托弹盘翻转过程征兆不明显。

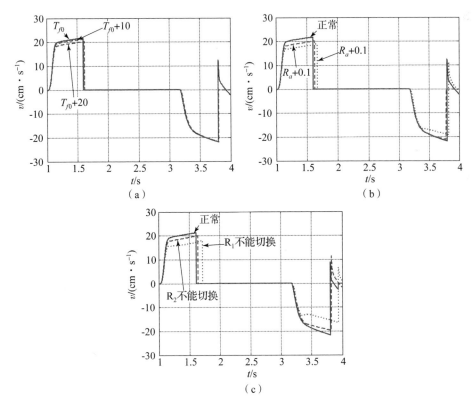

图 5 - 15　电源系统故障对摆弹过程的影响结果曲线

（a）电机内部阻力过大故障；（b）电枢电阻增大故障；

（c）降压启动盒故障

4. 行程开关触点故障仿真

行程开关触点故障发生后会造成供输弹系统停动、运动部件超出其规定行程，导致系统故障甚至造成系统损坏。

（1）输弹到位行程开关不触发会引起链条头与弹底的撞击甚至造成链条冲出无法收回，收链到位行程开关不触发会造成链条回收到位后的反向冲出，给不出初位信号。图5-16为输弹完成、收链快到位时行程开关触点故障与正常时对比曲线，输弹过程及收链前期曲线基本一致，后期由于行程开关未给出信号，图3-13中电磁阀①未关闭，仍为双泵供油，因此链条速度不减小直到收链到位。由于收链到位时链条速度较大，与支座发生较大冲击，从图5-16中也可以看出由冲击产生的速度波动与正常时相比要大很多，在实际过程中会引起链条反向冲出故障。

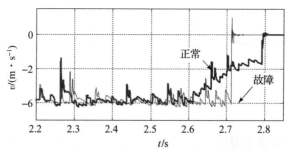

图5-16　输弹到位行程开关故障对输弹过程的影响

（2）托弹盘翻转到位行程开关不触发致使系统停动。在托弹盘向输弹线翻转完成后，由于行程开关故障未给出到位信号，控制系统不发出下一动作指令，图3-13中电磁阀⑦不关闭，翻转油缸油路不切断，无杆腔压力 P_{Ext} 上升为溢流阀调定压力，如图5-17所示。因此，可将翻转油缸无杆腔的压力作为其故障特征。

5.4.4　液压系统故障仿真

1. 溢流阀黏滞过大故障仿真

溢流阀阀芯在工作中受到摩擦力的作用，阀口开大和关小时的摩擦力

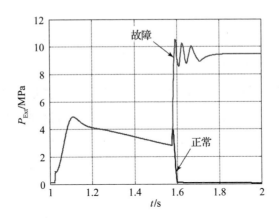

图 5 – 17　托弹盘翻转到位行程开关故障对摆弹过程影响

方向刚好相反，因此阀在工作时不可避免地会出现黏滞现象，使阀开启时的特性和闭合时的特性产生差异，如图 5 – 18 所示。图中阴影部分为不灵敏区，压力在此差值范围内变动时，阀芯不起调节作用，使压力波动范围增大。

图 5 – 19 为溢流阀黏滞过大故障时托弹盘回摆过程的仿真结果。从图 5 – 19 中可知当溢流阀黏滞过大故障发生时调定压力波动范围明显增大，由于系统负载不是很大，溢流量不大，系统压力迅速上升达到溢流阀开启压力后 $S_w = 1$，此时由于黏滞的存在，调定压力处于不灵敏区，S_w 在 3、4 之间反复变化，使得调定压力始终处于 $P_{04} \sim P_{24}$ 之间。当 $H_{yp} = 0.5$ MPa 时，压力范围为 9.5 ~ 10.5 MPa，而当 $H_{yp} = 2.0$ MPa 时，压力范围为 8.0 ~ 10.5 MPa，溢流阀黏滞量过大会引起系统调定压力降低。从图 5 – 19 中可以看出，溢流阀黏滞故障的特征较为明显，主要体现在系统压力波动范围变大，且最大压力与稳定压力的差值 $\Delta p = P_{max} - P_{sd}$ 可以表征黏滞故障。

2. 液控单向阀故障仿真

翻转油缸回路中的液控单向阀 A 阀和 B 阀均有可能出现控制油路故障，现仿真分析控制油路不通油故障，如图 5 – 20 所示。

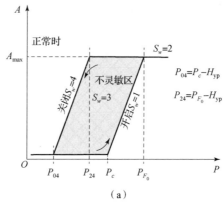

（a）

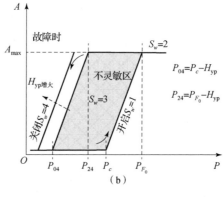

（b）

图 5 – 18　溢流阀启闭特性

（a）正常时；（b）故障时

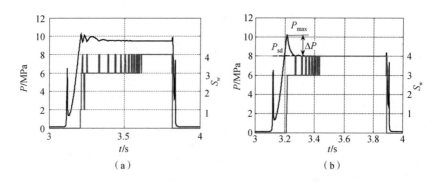

图 5 – 19　溢流阀黏滞过大故障时托弹盘回摆过程的仿真结果

（a）$H_{yp} = 0.5$ MPa；（b）$H_{yp} = 2.0$ MPa

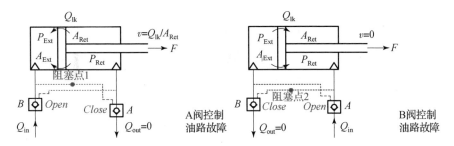

图 5 - 20　液控单向阀控制油路故障

当液控单向阀 A 控制油路发生故障时，托弹盘翻转过程中，A 阀关闭，油缸回油路不通，而此时由于重力属于翻转力矩，B 阀处的压力油流入油缸的无杆腔，如果油缸无泄漏，则油缸经过较小的移动后 P_{Ext} 上升为系统调定压力，P_{Ret} 持续升高，当满足条件 $P_{Ext}A_{Ext} + F = P_{Ret}A_{Ret}$ 后油缸速度为 0。但是由于油缸不可避免存在泄漏，则 P_{Ret} 升高后，油缸两腔存在压力差产生有杆腔向无杆腔的泄漏，速度为 $v = Q_{lk}/A_{Ret}$。由于在翻转过程中，重力矩逐渐增大，即 F 持续增大，所以 P_{Ret} 增大，而泄漏量与压力差成正比，因而油缸活塞伸出速度也持续增大，$Q_{in} + Q_{lk} = v \cdot A_{Ext}$，$Q_{out} = 0$，如图 5 - 21 所示。

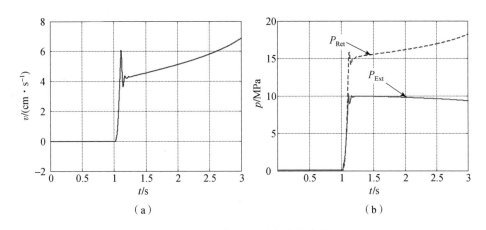

图 5 - 21　A 阀控制油路故障仿真结果

（a）油缸活塞速度；（b）油缸压力

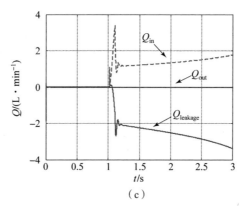

图 5 - 21 A 阀控制油路故障仿真结果 (续)

(c) 流量曲线

　　B 阀控制油路故障后，托弹盘向输弹线翻转不受影响，而当输弹完毕，托弹盘回翻时，B 阀不能开启，油缸无杆腔压力 P_{Ext} 迅速上升，油缸活塞有微小位移，油液被压缩，油缸有杆腔压力 P_{Ret} 迅速上升，在较短的时间段内有 $P_{Ret} > P_{Ext}$，$Q_{lk} > 0$，随后 P_{Ext} 上升并有 $P_{Ext} = P_{Ret}$，$Q_{lk} = 0$，$Q_{in} = 0$，如图 5 - 22 所示。此时 F 作用方向仍不变，而 P_{Ret} 上升为系统调定压力后无法继续增大，因而有关系式：$P_{Ext}A_{Ext} + F > P_{Ret}A_{Ret}$，油缸活塞速度为 0。经以上分析可知通过监测油缸两腔压力及输出流量即可对该故障进行诊断。

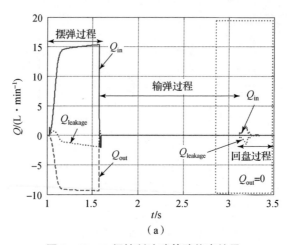

图 5 - 22 B 阀控制油路故障仿真结果

(a) 流量曲线

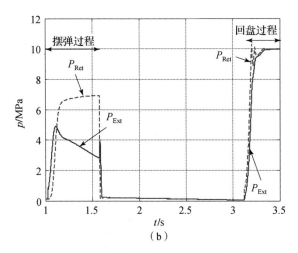

图 5 - 22　B 阀控制油路故障仿真结果（续）

（b）油缸压力

3. 单向节流阀故障仿真

单向节流阀故障主要分析由于节流口阻塞引起的系统故障，以翻转油缸进出油口的单向节流阀为例进行分析，如图 5 - 23 所示。

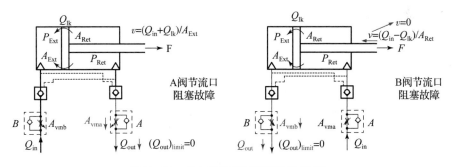

图 5 - 23　单向节流阀节流口阻塞故障

A 阀节流口减小，即通流面积 A_{vma} 减小，但 A 阀仍通流，$Q_{out} > 0$；在节流阀流量不低于其最小稳定流量 Q_{min} 情况下，流经 A 阀的油液能够正常通流，并有 $P_{Ret} > P_{Ext}$，$v = (Q_{in} + Q_{lk})/A_{Ext}$。当节流口有附着物时，通流面积 Q_{in}、Q_{out} 均减小，油缸活塞伸出速度降低，摆弹过程耗时变长，对于摆弹过程而言当时间超过限定值时已经出现故障。当节流口附着层达到一定厚度时，节流阀的通流能力已经非常低，油缸两腔压力呈现出的状态与液控单向阀控制油路故障时相似，如图 5-24 所示。在节流阀未完全断流前可以通过对 Q_{out} 的监测诊断该故障，但当节流阀断流时 $Q_{out} = 0$，此时难以通过对流量的监测区分两种故障，还必须对控制油路的压力进行监测。

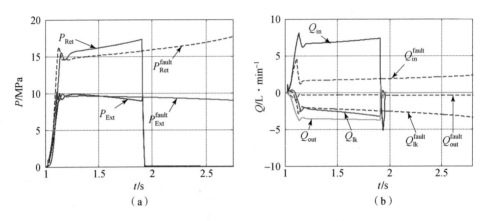

图 5-24   A 阀节流口阻塞故障仿真结果

(a) 油缸压力；(b) 流量曲线

B 阀节流口减小，通流面积 A_{vmb} 减小，但仍能通流，此时会出现：①活塞杆仍能运动，但速度比正常情况要小很多，条件是 $P_{Ext}A_{Ext} + F < P_{Ret}A_{Ret}$；②活塞杆不能运动，即 $P_{Ext}A_{Ext} + F > P_{Ret}A_{Ret}$，此时有 $v = 0$，$Q_{out} = Q_{lk} = Q_{in} > 0$。这种情况下与液控单向阀 B 控制油路故障的表现是相同的，油缸活塞杆不动、油缸两腔压力变化趋势一样，但是 $Q_{out} > 0$，如图 5-25 所示。当节流口附着层达到一定厚度，节流阀断流以后，其故障现象与液控单向阀 B 控制油路故障从油缸流量、压力上难以有效区分，必须辅以控制油路压力的监测结果才能够对两种故障进行有效诊断。

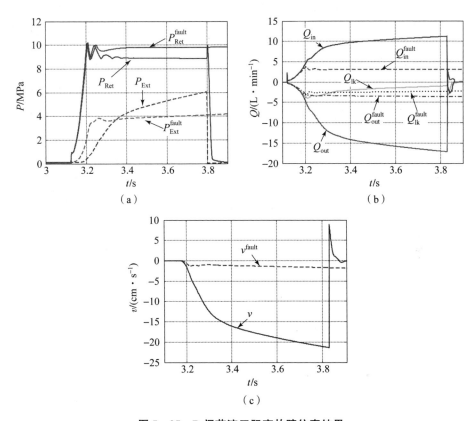

图 5 - 25　B 阀节流口阻塞故障仿真结果

（a）油缸压力；（b）流量曲线；（c）油缸活塞速度

5.5　基于故障仿真诊断方法的探讨

　　本章通过对多种典型故障模式的仿真分析，明确了故障情况下输弹系统的动力学响应及其故障原因，并且通过与正常状态动力学响应的分析比较，得到了能够对这些故障进行诊断的故障特征，如表 5 - 3 所示，这为故障分析及故障特征的提取提供了新的方法。

表 5 - 3 输弹系统故障特征

故障描述		故障特征参数
机械系统	弹性减弱	k
	链轮磨损	ω、F_ω、p
	链条磨损	L、F_ω、$F_{lt\omega}$
电控系统	T_f 过大	v_{lt}、I_a、ω_e
	R_a 过大	v_{lt}、I_a、ω_e
	输弹到位行程开关故障	v_{lt}
	托弹盘翻转到位行程开关故障	p
液压系统	H_{yp} 变大	Δp
	液控单向阀故障	P_{Ext}、P_{Ret}、Q_{in}、Q_{out}
	单向节流阀	P_{Ext}、P_{Ret}、Q_{in}、Q_{out}

对于输弹系统，由于其涉及机、电、液、控制等多种系统，并且结构形式多样，系统故障模式也具有多样性，这必然要求对不同的故障模式采取不同的故障诊断方法从而达到最佳诊断效果。从输弹系统虚拟样机故障仿真的结果可以看到系统的动力学响应包含大量的系统特征信息，既可以给出正常状态系统各参变量的变化规律，也可以给出故障状态时各参变量的变化规律，同时还能给出由正常状态向故障状态演变过程中的各参变量变化规律，可以为故障机理分析及故障诊断提供动态样本数据。

5.6 本章小结

本章针对基于实物样机故障模拟用于故障研究的不足，提出了将仿真技术应用于故障研究的虚拟样机故障仿真方法，并将虚拟样机故障仿真方法应用于输弹系统，从故障仿真分析结果来看这种方法可行并且具有很强的实用价值，为故障诊断及故障特征的提取提供了新的方法。主要的工作和结论如下。

（1）提出了基于虚拟样机的故障仿真方法，阐述了其过程框架及主要功能，分析了虚拟样机故障仿真的三大关键支撑技术，总结提出了五种虚拟样机故障注入方法。

（2）将虚拟样机故障仿真方法应用于输弹系统，分别建立了机械系统、电控系统及液压系统三大类共 12 个故障仿真模型；通过对多种故障的仿真分析，明确了故障情况下输弹系统的动力学响应及其故障机理；通过与正常状态动力学响应的分析比较，能够对这些故障进行快速的故障特征提取，同时故障仿真结果能够为故障诊断提供动态样本数据。

第 6 章
输弹系统强化试验方案设计

对于输弹系统故障的研究表明，以关重件为研究重点，摸清输弹系统的常见及潜在故障模式、改进输弹系统的结构设计，对于提高输弹系统的任务可靠性、保证自行火炮持续战斗力具有重要意义。相对于基于环境模拟的可靠性试验技术而言，可靠性强化试验针对产品施加单一的或综合的极限强化应力，能够快速激发出产品的潜在缺陷，并且通过故障原因分析、失效模式分析和实施改进措施最终提高产品的可靠性。由于可靠性强化试验施加的应力量级远远高于传统的模拟试验，激发效率高，激发效果好，因而其作为改进产品可靠性的一种重要手段得到了广泛应用。

本章以输弹系统为研究对象，重点从机械系统可靠性强化试验理论与技术方面进行探索，拟定了输弹系统可靠性强化试验方案；以试验方案为依据，提出了输弹机可靠性强化试验装置的功能要求，进行了试验装置总体方案设计，为可靠性强化试验的工程实践提供有益参考。

6.1 可靠性强化试验方案

6.1.1 强化试验方法

国内外目前常见可靠性强化试验方法主要有以下几种。

1. 使用强化试验设备实现关重件强化

该方法通常将关重件从系统中单独分离出来，利用通用或专用的试验设备针对关重件进行可靠性强化试验[145,146]。

该方法试验针对性强，试验状态可控可测；强化设备功能强大，覆盖应力范围广；试验过程自动化程度高，能够有效减轻操作人员的劳动强度。其主要缺点：一是将零部件从系统中脱离，零部件所受到的实际激励往往与试验装置提供的激励存在较大差异，使得强化试验结果可能与实际存在差异；二是只针对单个零件进行强化试验研究，难以考虑到系统之间的应力耦合与相互影响，难以实施整机多工况强化试验。

2. 调整系统内部参数实现关重件强化

某些情况下，直接利用原有系统，通过调整系统内部的工作参数或进行系统个别零部件的替换也可以实现关重件的应力强化，完成关重件的可靠性强化试验。杨艳峰在对炮闩系统进行强化试验研究时就多次采用更换刚度更大的弹簧或改变装药量的方法来实现系统内局部工作应力的强化[147]。张根保等人通过增大切削液流量和转台的负载和转速等方法来实施加工中心数控转台可靠性强化试验[148]。

该方法利用受试系统本身进行可靠性强化试验，无须专门的试验装置，实施方便，总体成本低。其缺点：一是强化应力的施加方式及其范围受到受试系统本身结构和系统性能的限制；二是试验过程自动化程度不高，试验状态可测控性差；三是试验效率低，对大型系统的子系统单独实施强化试验时，需要整个系统同时运转，耗费大量能源；四是强化试验方案不当可能会导致系统受损。

3. 加强被试系统环境应力实现系统强化

该方法通常以改变被试系统外部环境的方式施加强化应力，实现整个系统的可靠性强化试验。陈文华等人在对小型潜水电泵进行可靠性强化试验方法的研究时，直接将潜水电泵置于含磨粒性磨料的工作介质中，靠磨粒的作用激发潜水电泵的故障[146]。吴大林等人在对履带车辆扭力轴疲劳失效进行可靠性强化试验研究时，使某履带车辆以不同的速度在不同等级的强化路面上行驶，直至扭力轴出现故障为止，并记录下相应的行驶里程数[125]。

该方法能够实现针对整个系统的可靠性强化试验，与实际符合效果好，试验效能高。其缺点：一是通常只适用于外界环境对被试系统可靠性影响较大的情形，强化效果取决于可达的外部试验环境极限；二是强化应力的范围往往会受到系统整体性能的限制。文献［125］在对某履带车辆履带销进行强化试验时，因受到发动机功率的限制，履带车辆在某些挡位上无法在强化路面上行驶，因而无法最大限度地缩短试验周期。

由故障分析可知，某自行火炮输弹系统关重件种类和数量较多，故障模式不一，针对关重件逐一利用相应的强化试验设备进行强化试验不切实际，即单独采用第一种强化试验方法难以实施；对于输弹机而言，输弹系统的液压子系统额定功率和允许的最大压力是按照正常工况设计的，无法提供强化试验的高动力要求；并且由于弹丸和药筒在进行输弹机可靠性强化试验时不需要真正被击发，强化试验无法连续进行，因此，单独采用第二种方法也不合适。第三种方法是以改变被试系统外部环境的方式施加强化应力，实现整个系统的可靠性强化试验。对输弹机可靠性强化试验而言，既需要整个输弹系统参与试验，又难以解决第二种方法中的试验不连续问题。

综上所述，以上提到的三种传统的强化试验方法单独使用都不适合本书所研究的输弹系统可靠性强化试验问题。为此，本书综合第一种和第三种方法提出了一种新方法，即围绕输弹系统可靠性强化试验需求，开发专用的输弹系统强化试验装置，通过设置试验装置工作状态，对输弹机整体施加强化应力，实现输弹系统整系统的可靠性强化试验。该方法覆盖应力范围广，自动化程度高，试验状态可控可测，试验效率高，且试验结果可信度高。

6.1.2 强化试验流程

可靠性强化试验包含高加速寿命试验和高加速应力筛选，前者针对产品设计阶段，旨在在较短时间内发现产品的设计缺陷并实施改进措施以提高产品的固有可靠性，后者针对产品的生产阶段，目的是发现产品的工艺缺陷，剔除不合格产品，提高出厂产品整体的可靠性水平。

高加速寿命试验和高加速应力筛选虽然针对产品的不同阶段，但其最终目的、理论依据以及试验方案、试验流程基本一致，只是被试样本的抽取及强化应力的选取不同。

机械系统可靠性强化试验流程如图 6-1 所示。

1. 工作原理分析

工作原理是指机构实现其预期功能的方法途径。对机构进行工作原理分析，准确掌握机构的拓扑关系、控制关系以及每一个动作过程，是实施可靠性强化试验的根本依据，是在实施试验之前必须做好的基础性工作。

2. 故障分析与预测

以工作原理分析为依据，先对系统进行故障分析与预测，确定系统的薄弱环节，找到系统的关重件，并明确其失效机理，分析引起故障的可能原因可以为后续的可靠性强化试验的设计及具体实施指明方向和侧重点。

失效机理是导致失效的物理、化学、热力学或其他过程的表征[149]。该过程是不同形式的应力作用在部件上造成零件局部损伤或整体性能的下

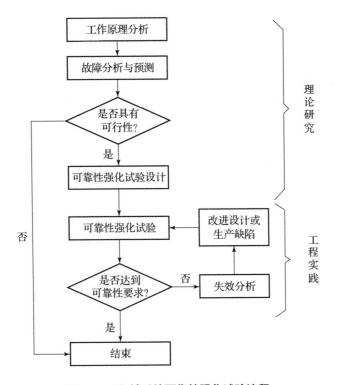

图 6 - 1　机械系统可靠性强化试验流程

降，最终导致机构甚至整个系统的功能丧失的过程。对于机械系统来说，主要的失效机理有磨损、疲劳、塑性变形，非疲劳断裂、失稳等，机械失效机理的分析就是要明确其失效原因和表征，为可靠性强化试验的可行性分析和具体试验技术研究提供依据。

3. 可行性判定

以故障分析为依据，判断系统是否具有强化试验的可行性。对于失效过程不具备加速性的机械系统，不适合进行可靠性强化试验。对于某些失效模式，如塑性变形、失稳、非疲劳断裂等，对其实施强化试验是没有意义的，对于如磨损、疲劳等失效模式的可靠性强化试验，还要综合考虑强化应力施加的难易程度及经济性等，寻求并建立适用于该机械强化试验的理论依据和实现方法。

4. 强化试验设计

以具备可行性为前提对机械失效机理做进一步分析，研究强化应力及其施加方法，进而确定相应的强化试验技术。例如，对于磨损失效的两个相互作用构件，彼此之间的作用强度、相对滑动速度等均是决定磨损进程的因素，为加快失效，可以从改变被试机构的作用强度及运动速度等方面来研究确定强化试验技术。在机械系统的可靠性强化试验中，要加快机械零部件的失效进程，关键在于强化应力类型以及应力水平的确定。恰当的试验应力类型和水平的选取，应当以机械系统的实际工作环境为基础，进而分析确定工作环境中能够加快机械失效发生的因素，并将其作为强化因子。通过提高应力水平，形成高于正常工作环境应力的强化试验条件，从而使机械零部件的缺陷被迅速地激发出来，而且不改变机械系统的失效模式与机理。

1）强化应力的选取

可靠性强化试验中，各种应力的取值叫应力水平[150]。通常条件下的应力水平，叫正常（或设定）应力水平；把应力加大到超过正常应力水平，叫作强化应力水平。这里的强化应力是广义的，其内容依据试验对象所采取的强化方法不同而有所区别，主要有力、速度、质量、频率等。例如，对于旋转机械系统，当旋转速度大小直接关系到机械失效进程时，那么强化应力内容就可以用旋转速度来表征，文献［151］就以转速为强化因子对海水泵进行了加速寿命试验研究；再比如对于传动系统中的承载机械来说，所承受重物的质量越大，机械退化失效得越快，在此种工况下，可用承载物质量来表征机械的强化应力内容。

在强化试验设计中，选取适当的强化应力要以满足试验的加速性要求为前提，即在实现加快试验进程的同时，保证失效机理不变，并取得可靠有效的试验结果。

2）强化应力的施加

强化应力的施加应根据具体情况而定，主要由机械所能承受的应力极限是否已知来确定。在极限应力给定的情况下，为了尽可能地缩短试验时间，可以直接选取极限应力水平进行试验；在未给定极限应力的情况下，就需要通过步进的过程逐步提高强化应力的水平，这样既对试验对象进行了强化试验，同时又可以确定机械工作的极限应力和破坏应力。

另外，强化应力水平还与实际所能达到的试验条件相关，机械可以承受的极限强化应力水平在现实中有可能是实现不了的，也就无法施加。因此，需要考虑现有条件来确定可靠性强化试验应力水平的极值。

总之，在对试验对象进行强化试验之前，要综合考虑机械本身在设计时的应力极限和现实状况所能达到的应力水平，从而确定强化应力范围。

3）试验时间的控制

试验截止时间可以采用定时截尾方式或定数截尾方式。定时截尾方式指试验前预先规定试验持续的时间，截尾时间一到，立即终止试验。定数截尾方式是指试验前规定失效的个数，当失效达到规定截尾个数时，立即停止试验。机械零件失效按照动作次数计算时，既可以按预先规定的动作次数来截止试验，也可以采用定数截尾方式。在一些情况下，会采用间歇的方式进行试验，即在试验一定时间后，停止一段时间再进行试验。

5. 强化试验实施

强化试验的实施主要包括以下内容。

（1）试验前准备。其主要包括：试验场地的确定及环境条件的标定，试验对象样本的选取和投放，试验设备的检查和调试等。

（2）强化应力的施加。其指强化的施加的方式。

（3）试验数据的采集。为了研究机械系统各部件性能在退化失效过程中的动态特性，需要在试验中对相关指标进行测量。

（4）试验结果分析。对试验得到的数据进行统计处理，分析机械零部件失效的规律，确定零部件的可靠性特征。

6. 分析与改进

实施强化试验后，应对失效零部件进行失效分析，确定失效原因，寻求提高零部件固有可靠性的方法和途径，并对改进后的零部件继续进行强化试验，判断可靠性是否提高。重复上述过程，直至零部件可靠性达到预期要求，可靠性强化试验全过程结束，最终实现了可靠性强化试验的目标——提高系统固有可靠性。

6.1.3 强化试验方案

由第 2 章的分析已知，输弹系统的关重件以疲劳失效和磨损失效为主。

对于磨损失效，影响零部件寿命的因素主要是表面正压力和相对滑动速度[94]。因此，基于磨损的可靠性强化试验应从接触面的正压力和相对滑动速度两点考虑。例如，通过增加试验弹丸及药筒的质量的方式可以增大链板销孔与销轴之间的正压力，通过加快输弹速度的方式可以提高接触面间的相对滑动速度，从而快速激发输弹机零部件因磨损失效所引发的故障。

对于疲劳失效零件，影响其寿命的外界因素主要有应力幅和平均应力[152]，其中决定零件疲劳强度的主要因素是应力幅，但也应考虑平均应力对疲劳强度的影响；拉伸平均应力使极限应力幅减小，压缩应力使极限应力幅增大；平均应力对正应力的影响要比切应力要大。因此，疲劳失效可靠性强化试验方案的拟定应从以上三点着手。例如，通过增加试验弹丸及试验药筒的质量可以增大链板的平均应力和应力幅，通过调整压紧螺母可以提高上解锁压簧平均应力，从而快速激发输弹机零部件因疲劳失效所引发的故障等。

针对输弹机关重件的可靠性强化试验备选方案如表 6 - 1 所示。

表 6 - 1　针对输弹机关重件的可靠性强化备选方案

失效机理	零/部件名称	所属机构	强化试验备选方案
疲劳失效	链板销轴	输弹链条	(1) 增加试验弹丸质量； (2) 增加试验药筒质量； (3) 加快输弹速度； (4) 同时改变前三者
	挂钩	推壳机构	增加试验药筒质量
	压簧装配	上解锁机构	调整压紧螺母增大弹簧预压力
	压壳板弹簧	压壳机构	
磨损失效	链板销轴	输弹链条	(1) 增加试验弹丸质量； (2) 增加试验药筒质量； (3) 加快输弹速度； (4) 同时改变前三者
	链轮蜗轮蜗杆	传动机构	
	杠杆	上解锁机构	(1) 增加压簧装配输出的弹簧弹力； (2) 加快输弹速度； (3) 同时改变前两者

6.2　试验装置功能要求

综合考虑工程实际并结合表 6 - 1 和输弹机强化试验方法，输弹机可靠性强化试验装置应具有如下功能。

1. 能够模拟某火炮输弹全过程

试验装置要能精确地模拟自行火炮输弹的整个工作过程，保证能够实现任意射角的装填，以便对输弹机进行正常工况下的可靠性试验。

2. 能进行输弹机典型故障的模拟

试验装置要能够进行输弹机典型故障的模拟与再现，使试验人员能够掌握输弹机的各种典型故障模式，以开展失效机理研究。

3. 能够实现输弹机的可靠性强化试验

在失效机理不变的前提下，试验装置应该能够满足输弹机多强化工况、多失效机理的可靠性强化试验需求，提供诸如输弹速度、输弹阻力等多种强化工况的功能，同时，为满足某些零件磨损强化试验的需求，试验装置的部分弹簧零件应便于更换和调整，以满足多工况多失效机理强化试验的要求。

4. 计算机实时监控及故障报警

输弹机在试验装置的驱动下工作时，各个节点的工作参数能被自动检测系统实时测量，故障诊断程序可调用各个节点的数据进行输弹机的故障诊断，并判断故障类型，为输弹机的故障定位提供依据，确保试验结果的准确性并减轻试验工作人员的负担，保证工作人员的人身安全。

6.3 试验装置组成及工作

6.3.1 基本组成

试验装置主要由动力机构、控制机构、执行机构、辅助机构四部分组成。

1. 动力机构

为满足试验装置各执行机构的不同流量需求，采用电机双联泵作为输弹机强化试验装置的液压动力源。大小泵均选用变量泵，用法兰盘将大、小泵连接，电机带动双泵同时工作，大、小泵同时输出不同流量的液压油，其不同的组合方式满足了输弹机输弹、收链以及弹丸及药筒复位的不同流量需求。

2. 控制机构

控制机构主要由控制压力、流量及流动方向的液压阀组成，实现试验装置在不同工作环节所需压力、流量与不同的流向。

本试验装置主要采用电磁阀组，安装在试验装置防护舱右侧，由 4 个 3 通大通径电磁阀和 4 个 3 通小通径电磁阀组成，安装在两个集流板上，其排列方式是：4 个大通径电磁阀并列，接着 4 个小通径电磁阀并列。

输弹机可靠性强化试验装置的机械系统动作取决于液压系统的 8 个电磁阀的先后工作状态，8 个电磁阀都是 2 位 3 通的。8 个电磁阀的工作状态是由试验装置的电气控制系统程序所决定的。

3. 执行机构

执行机构主要由液压马达、弹丸复位油缸和药筒复位油缸组成，分别是输弹、弹丸复位和药筒复位动作的执行机构。液压马达与液压缸都是将液压油的压力能转化成为机械能的一种能量转换装置，其中前者用于旋转运动，后者用于直线运动。

1）液压马达

液压马达是输弹机的动力源，是整个系统的重要的执行元件，它的作用是带动输弹机主轴转动，以实现输弹机在各种速度和动力下的输弹、收链动作。

2）弹丸复位油缸

弹丸复位油缸的作用是将被输弹机输送到位的弹丸重新推回到输弹起始位置，为下一次输弹做准备，以使输弹动作能够快速反复地进行。选用双作用油缸作为翻转油缸，主要由缸筒、缸盖、堵头、活塞及密封圈组成。

3）药筒复位油缸

药筒复位油缸用于将输送到位的药筒重新推回起始位置，为下一次抛壳运动做准备。药筒复位油缸也是双作用油缸，主要由缸筒、缸盖、堵头、活塞及密封圈组成。

4. 辅助机构

辅助机构包括油箱、压力表、双油虑安全阀组件、节流阀等。

油箱安装在底座的右侧，其上部设有加油孔，下部有放油口，侧方有液面显示窗口，用于显示油箱内的油量，当油量不足时应该及时注油。系统内连接压力表，用于显示系统的工作压力，压力表位于试验装置防护舱侧面，通过管路与电磁阀组相连。

油虑安全阀组件通过管路与电磁阀组和油泵相连，由滤油器和安全阀组成，滤油器用于过滤液压油中的杂质，安全阀则用于保证系统在安全的压力范围内工作。

6.3.2 基本工作

试验装置液压工作原理框图如图 6-2 所示，电动机和双联泵将电能转化为液压能后，再经由电磁阀和集流板根据输弹/收链、弹丸复位油缸伸出/收回、药筒复位油缸伸出/收回三种不同的动作要求提供三种不同的液压油流量，不同的流量主要由大、小泵工作的流量而定。输弹与收链前期输弹机需要较大的流量和扭矩，以实现输弹和收链的速度要求，大、小泵同时工作，系统流量为大小泵流量之和；收链后期为避免链头与试验装置箱体的冲击，需要小泵单独工作提供较少的流量以实现链条的平稳低速运动，此时系统的流量与小泵流量相同；弹丸复位及药筒复位过程中，仅大泵单独工作，系统流量与大泵流量相同。

在强化试验的过程中，输弹机可靠性强化试验装置要在严酷的强化试验工况下反复进行输弹、收链动作，试验装置中许多电机的载荷会发生周

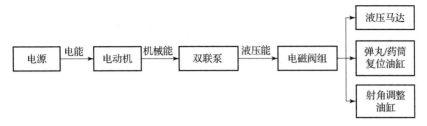

图 6 - 2　试验装置液压工作原理框图

期性变化，有些电机还要反复启动，对电机的寿命和可靠性提出了严酷的要求，因而在试验装置中设置降压启动装置。降压启动装置用于降低试验装置中各电机启动时过大的电流，延长电机使用寿命。

图 6 - 3 为试验装置降压启动原理图。降压启动装置由启动电阻器、接触器、时间继电器、中间继电器、二极管、保险等组成。启动方式分为两级启动，当启动电源开关接通后，降压启动装置通过延时继电器自动控制两级电阻的切除，即通过延时继电器控制开关 C2、C3 将电阻 R1、R2 分别在 t_1、t_2 时切换掉，并在 1 s 内使油源电机启动完毕。

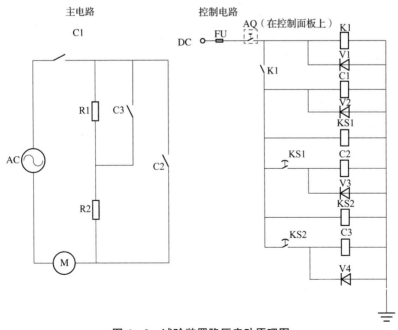

图 6 - 3　试验装置降压启动原理图

输弹机可靠性强化试验装置采用 PID 控制。其结构简单、稳定性好、工作可靠，调整方便。PID 控制器是根据系统的误差，利用比例、积分、微分计算出控制量进行控制的[153]。

试验装置 PID 控制系统原理框图如图 3 - 9 所示，系统由模拟 PID 控制器和被控对象组成。

对于试验信息的采集、分析处理等功能的具体实现，利用各种传感器装置将被试对象的非电物理参数（如温度、压力、流量、速度）转换为电量（如电压、电流），再通过转换装置将这些模拟量转换为计算机可以识别的数字量，在计算机中以数字或曲线的方式显示出来。图 6 - 4 为计算机监控系统框图。

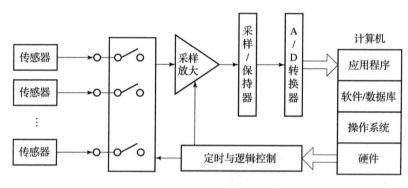

图 6 - 4　计算机监控系统框图

选择微型计算机监测系统，其结构简单，可以进行中小规模的监测，主要是由计算机、测试测量设备、传感器、模拟多路开关、A/D 转换器等组成。

传感器的作用是将非电量（如流量、压力等）转换为数据采集设备可以识别的电量，其转换精度对整个测试系统的精度有很大影响。

在输弹机强化试验中，需要同时监测多个零部件的工作参数，且采样速率要求不高，为了降低成本，采用公共的 A/D 转换器，依次对每路模拟量进行转换，通过模拟多路开关轮流切换各采集通道与 A/D 转换器连接，实现各路信号的顺序转换。

因为计算机只能识别和处理数字信号，所以必须把模拟信号转换成数字信号，实现这一转换功能的器件是 A/D 转换器。A/D 转换器是采集通道的核心，也是影响数据采集系统采样速率和精度的主要因素之一。

6.4　本章小结

本章以输弹系统为研究对象，在分析传统可靠性强化试验方法的基础上，提出了一种新的可靠性强化试验方法；针对输弹机的疲劳失效和磨损失效，拟定了可靠性强化试验备选方案；以试验方案为依据，提出了输弹系统可靠性强化试验装置的功能要求，进行了试验装置总体方案设计，并对试验装置的基本组成和基本工作进行了简要介绍。

第 7 章
输弹系统可靠性强化试验仿真

输弹系统主要的失效模式是疲劳失效和磨损失效，针对输弹系统的疲劳失效和磨损失效开展可靠性强化试验，对于提高整个输弹系统的任务可靠性具有重要意义。

本章基于输弹系统可靠性强化试验仿真平台，提出强化试验仿真指导原则，重点围绕疲劳失效和磨损失效，通过失效机理和失效过程分析，建立强化系数计算模型；针对典型的疲劳失效和磨损失效关重件，实现了强化试验仿真。同时验证了系统可靠性强化试验方法、试验方案和试验装置方案设计的合理性，可为开发输弹系统可靠性强化试验装置、开展输弹系统可靠性强化试验提供理论依据。

7.1 强化试验仿真指导原则

在可靠性强化试验仿真过程中，应该充分考虑仿真环境与现实环境的不同。仿真环境中可以通过改变系统参数实现高强化应力，容易出现过分强调强化效果而忽略在实际应用中的可操作性、可实现性和经济性等问题，所以强化试验技术的确定必须基于客观条件，不能偏离仿真的宗旨。

1. 现实条件可达

通过虚拟样机仿真技术进行强化试验时，所施加的强化应力应当在现实条件可以达到的应力水平之内。例如，在进行输弹系统可靠性强化仿真试验时，通过增大液压泵和液压马达的排量以及油源电机的功率可以获得极高的强化应力。但在实际的强化试验中，液压元件的参数选择受到技术条件的制约，有些工况是无法实现的。因此，强化应力的获取方式必须符合现实条件可达的原则。

2. 失效机理不变

失效机理不变是可靠性强化试验的前提。因此，强化试验的应力水平不应改变零部件原有的失效机理。例如，对于疲劳断裂，通过增加应力幅的方式可以实现疲劳强化，但应考虑应力幅的增加是否会导致失效机理改变（发生塑性变形或非疲劳断裂等）。对于磨损失效，通过增加正压力的方式可以加快磨损面的磨损进程，同样应考虑正压力的增加是否会导致零部件首先以其他方式失效。因此，应对那些由于应力水平的提高而可能会发生失效机理改变的构件进行失效机理校核。

7.2 疲劳强化试验机理研究

试验机理是可靠性强化试验的理论基础，对可靠性强化试验技术的深入研究及应用具有重要的指导意义。目前，国内外在强化试验技术研究及应用方面，绝大部分是以电子产品为研究对象，采取加大热应力（温度）、电应力（电压）的方法来加快产品失效。而对机械产品的强化试验技术，国内外还很少研究，缺乏工程实践。

输弹系统工作过程中的机械故障，其主要的失效形式有以下几种：疲劳、磨损、弹性变形、塑性变形、腐蚀、碰撞等，其中以疲劳和磨损为最主要的失效形式。因此，本章重点研究输弹过程中的疲劳失效和磨损失效及其强化试验仿真。

7.2.1　疲劳损伤特征机理

疲劳是指材料在循环应力或循环应变作用下，由于某点或某些点逐渐产生永久性结构变化，从而在一定的循环次数后形成裂纹或发生断裂的过程[154]。将材料最终完全断裂的现象，称为疲劳断裂或疲劳破坏。

疲劳破坏是构件多次损伤后累积的结果，而损伤是对构件危险部位微裂纹生长的度量。当材料承受高于疲劳极限的应力时，每循环一次都会使材料产生一定的损伤。当损伤累积到临界时，零件就会发生破坏。

疲劳破坏和静力作用下的失效有本质的区别。尽管机械零部件的几何形状和受力方式千差万别，它们的载荷变化曲线也各不相同，但是在静载荷作用下的破坏过程一般都要经历弹性变形、塑性变形和断裂三个阶段，对于塑性材料一般都存在着较大的塑性变形，而疲劳破坏则有明显的差异，主要表现在以下几个方面。

（1）在交变载荷作用下，零件所受到的交变应力幅值在远小于材料的强度极限的情况下，就有可能发生破坏。

（2）不管是脆性材料还是塑性材料，疲劳断裂在宏观上均表现为无明显塑性变形的突然断裂，即表现为低应力类脆性断裂。

（3）疲劳破坏具有高度的局部性和对各种缺陷的敏感性，即在局部高应力区和较弱晶粒处首先产生裂纹源。

（4）疲劳破坏不是一次性破坏，它是一个累积损伤的过程，经历一段相当长的时间，实践表明这个过程包含三个阶段：裂纹的萌生、裂纹的扩展和瞬时断裂。

（5）疲劳破坏断口在宏观和微观上均有其特性，特别是宏观特性利用目视即可发现疲劳裂纹的起源点、疲劳裂纹扩展区和瞬时断裂区。

7.2.2　疲劳寿命预测方法

寿命预测是疲劳研究的目的之一。材料发生疲劳破坏，要经历裂纹萌生、裂纹稳定扩展和裂纹失稳扩展（断裂）三个阶段，疲劳总寿命也由相应的部分组成。因为裂纹失稳扩展是快速扩展，对寿命的影响很小，在计算寿命时通常不予考虑。故一般可将总寿命分为裂纹起始（萌生）寿命与裂纹扩展寿命两部分。但在某些情况下，只需要考虑裂纹起始或扩展寿命其中之一，并由此给出其寿命的估计。如高强度脆性材料的断裂韧性低，一出现裂纹就会引起破坏，裂纹扩展寿命很短，故对于该种材料制成的零部件通常只考虑其裂纹起始寿命。对于一些焊接、铸造的构件或结构，因为制造过程已不可避免地引入了裂纹或类裂纹缺陷，故忽略其裂纹起始寿命，只考虑裂纹扩展寿命即可。

疲劳寿命的预测是设计人员和工程技术人员十分关注的问题。目前，疲劳寿命的预测方法主要有名义应力法与局部应力 – 应变法。名义应力法是以材料或零件的 $S-N$ 曲线为基础，对照试件或结构疲劳危险部位的应力集中系数和名义应力，结合疲劳损伤累积理论，校核疲劳强度或计算疲劳寿命。其中，材料或零件的 $S-N$ 曲线是疲劳寿命预测的基础，而疲劳损伤累积理论以 Miner 线性疲劳累积损伤理论运用最为广泛。

为了获得疲劳累积损伤，通常可以假设[155]：①在试样受载过程中，每一载荷循环都损耗试样一定的有效寿命分量；②试样的疲劳损伤与其所吸收的功成正比，即功与应力的作用循环次数和在该应力值下达到破坏的循环次数之比成正比；③试样达到破坏时的总损伤量是一个常数；④低于疲劳极限的应力不再造成损伤；⑤损伤与载荷的作用次序无关；⑥各循环应力产生的所有损伤分量累计为 1 时，试样就发生破坏。基于以上假设，

Miner 线性疲劳累积损伤理论认为：试样在各个应力循环作用下的疲劳损伤是独立进行的，总损伤由各次载荷循环造成的损伤线性地累积而成。

若试样的加载历程由 σ_1，σ_2，$\cdots$，σ_r 等 r 个不同的应力水平构成，各应力水平下的寿命分别为 N_1，N_2，$\cdots$，N_r，各应力水平下的实际循环次数分别为 n_1，n_2，$\cdots$，n_r，按照 Miner 线性疲劳累积损伤理论，应力水平 σ_i 造成的损伤 d_i 表示为

$$d_i = \frac{n_i}{N_i} \qquad (7-1)$$

总损伤量 D 为

$$D = \sum_{i=1}^{r} d_i = \sum_{i=1}^{r} \frac{n_i}{N_i} \qquad (7-2)$$

当材料发生疲劳破坏时，总损伤量 $D = 1$。

7.2.3 可强化性分析

零件的失效是否具有可强化性，是可靠性强化试验应用于该零件的可行性的直观表征，也可以描述为，被试对象是否具有强化试验的可能性。对于一个失效过程不具备可强化性的系统，不适合进行可靠性强化试验。对于疲劳失效而言，通常可用 Basquin 表达式来描述材料的疲劳性能或 $S-N$ 曲线，即工作应力 σ 与材料的寿命 N 之间的关系可表示为[155]

$$N = \frac{C}{\sigma^m} \qquad (7-3)$$

式中：$m > 0$，$C > 0$，均与材料、应力比、加载方式相关，通常由试验确定。

在交变载荷的作用下，材料内部的微缺陷和空穴不断产生与发展，从宏观上表现为材料损伤的累积，因此依据 Miner 准则，将式（7-3）代入式（7-1）得到材料在任一应力水平下的损伤因子为

$$d_i = \frac{n_i \sigma_i^m}{C} \tag{7-4}$$

那么材料在强化工况和正常工况下的损伤因子 d_{ie}、d_{it} 分别为

$$d_{ie} = \frac{n_{ie} \sigma_{ie}^m}{C} \tag{7-5}$$

$$d_{it} = \frac{n_{it} \sigma_{it}^m}{C} \tag{7-6}$$

式中：下标 t、e 分别为正常工作条件、强化工作条件；σ_{ie}、σ_{it} 分别为材料在强化工况与正常工况下作用的应力水平；n_{ie}、n_{it} 分别为材料在强化试验应力水平 σ_{ie} 与正常应力水平 σ_{it} 作用下的实际应力循环次数。

当应力循环次数相同，即 $n_{it} = n_{ie}$ 时，设 $\xi = \dfrac{\sigma_{ie}}{\sigma_{it}}$，则

$$\frac{d_{ie}}{d_{it}} = \frac{\sigma_{ie}^m}{\sigma_{it}^m} = \xi^m \tag{7-7}$$

式（7-7）表明，由于 $m > 0$，在应力循环次数相同的情况下，当材料的工作应力增加时，$\dfrac{d_{ie}}{d_{it}} = \xi^m > 1$，即 $d_{ie} > d_{it}$，由此可知，疲劳失效零部件具有可强化性，提高疲劳失效零件的工作应力，可以快速激发零部件的缺陷。

7.2.4　强化系数推导

为衡量强化试验效果，引入强化系数的概念。对于疲劳失效而言，强化系数可定义为

$$K = \frac{N_t}{N_e} \tag{7-8}$$

式中：N_t、N_e 分别为零件在正常工况和强化试验工况下的疲劳寿命。

在正常工况和强化试验工况下，零部件的疲劳寿命之比即为相应工况下疲劳损伤量之比的倒数，即

$$K = \frac{N_t}{N_e} = \frac{D_e}{D_t} \tag{7-9}$$

式中：D_t、D_e 分别为零件在正常工况应力水平和强化工况应力水平下的单次动作损伤量。

根据式（7-3）有

$$N_i = \frac{C}{\sigma_i^m} \tag{7-10}$$

$$N_0 = \frac{C}{\sigma_{-1}^m} \tag{7-11}$$

式中：σ_{-1} 是对称循环的疲劳极限，N_0 是 σ_{-1} 对应的循环基数，两者均通过疲劳试验获得。由式（7-10）和式（7-11）可得

$$N_i = \left[\frac{\sigma_{-1}}{\sigma_i} \right]^m N_0 \tag{7-12}$$

零件单次加载历程的总损伤量为

$$D = \sum_{i=1}^{r} \frac{n_i}{N_i} = \sum_{i=1}^{r} \frac{n_i}{(\sigma_{-1}/\sigma_i)^m N_0} \tag{7-13}$$

假设 a 为零件在正常工况下，单次加载历程中的载荷谱所包含的应力水平数量；b 为零件在可靠性强化试验条件下，单次加载历程中的载荷谱所包含的应力水平数量，则强化系数 K 可表示为

$$K = \frac{D_e}{D_t} = \frac{\displaystyle\sum_{i=1}^{b} n_{ie}\sigma_{ie}^m}{\displaystyle\sum_{i=1}^{a} n_{it}\sigma_{it}^m} \tag{7-14}$$

7.3　输弹系统关重件疲劳强化试验仿真

7.3.1　疲劳寿命仿真计算方法

疲劳寿命仿真技术是在计算机中，建立可视化的零部件有限元模型，

采用商用有限元求解器，进行关重件的响应计算，再根据有限元计算结果，结合材料或构件的 $S-N$ 曲线和合理的损伤累积法则，实现疲劳寿命预测。与传统的基于疲劳寿命试验的方法相比，基于有限元的疲劳寿命计算能够提供零部件表面的疲劳寿命分布图，可以在设计阶段判断零部件疲劳的薄弱位置，通过修改设计，可以预先避免不合理的寿命分布。疲劳仿真技术的核心是以疲劳强度理论为基础的疲劳寿命预测方法，高效的数值算法、计算机可视化技术，计算机图形学的发展和基于图形的用户界面技术也都为疲劳仿真提供了发展的平台。

　　载荷的变化历程、结构的应力分布和结构的材料参数是进行疲劳寿命预测的三个要素。疲劳寿命仿真计算由以下三个步骤组成：①建立系统虚拟样机，通过仿真可以获得关重件的载荷时间历程；②以零部件的几何参数和材料属性为基础，建立关重件的有限元模型，进行有限元分析以得到其应力分布；③以载荷时间历程、应力分布和材料属性为根据，选择适当的损伤模型对零部件进行疲劳寿命预测，最终得到零部件的疲劳寿命。基于计算机仿真的疲劳寿命预测流程如图 7-1 所示。

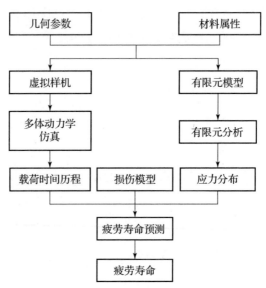

图 7-1　基于计算机仿真的疲劳寿命预测流程

　　本章采用 ANSYS/FE – SAFE 进行输弹机关重件的疲劳寿命预测。ANSYS/FE – SAFE 是一个耐久性（疲劳）分析的专用模块，与 FEA 软件的后处理器有着良好的数据接口。它采用了先进的单、双轴疲劳计算方法，允许计算弹性或弹塑性载荷时间历程，综合多种影响因素（如平均应力、应力集中、缺口敏感性、焊接成型等初始应力、表面光洁度、表面加工性质等），按照累积损伤理论和雨流计数法，根据各种应力或应变进行疲劳寿命和耐久性分析设计，或者根据疲劳材料以及载荷的概率统计规律进行概率疲劳设计以及疲劳可靠性设计，或按照断裂力学损伤容限法计算裂纹扩展寿命，因而得到广泛的应用。ANSYS/FE – SAFE 软件框架如图 7 – 2 所示。

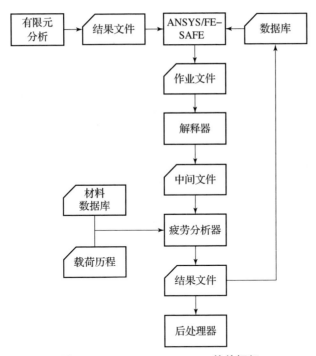

图 7 – 2　ANSYS/FE – SAFE 软件框架

7.3.2　应力分布的计算方法

　　ANSYS 具有强大的通用有限元分析功能，可用于结构工程、流体力学、热力学、电磁场等方面的有限元计算。ANSYS 集几何访问、有限元建模、分析求解及数据可视化于一体，提供了一系列的几何造型和编辑功能，不但可以编辑读入的 CAD 几何模型并对其划分有限元网格，而且可以独立创建各种复杂的几何模型。其开放式的结构使其不但拥有很强的分析功能和良好的灵活性，而且使用者可针对自己的工程问题和系统需求通过模块选择、组合获取最佳的应用系统。

为了获得输弹系统关重件的应力分布，为后续的疲劳寿命预测提供数据，采用 ANSYS 软件进行关重件的有限元建模和应力分析，应力仿真分析流程如图 7 - 3 所示。

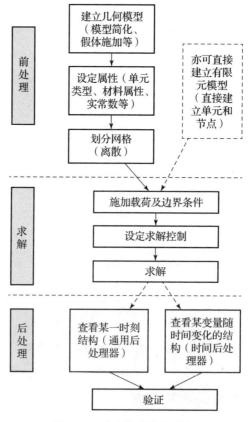

图 7 - 3　应力仿真分析流程

7.3.3　外链板疲劳强化试验仿真

输弹链条由内、外链板与销轴连接而成，通过链头、链尾和推壳机构与待输送的弹丸和待排药筒接触，通过动力传递实现弹丸入膛和药筒推出功能，是输弹机的重要组成部分。输弹机内、外链板的疲劳失效将会使输弹机完全丧失正常的工作能力，因此本小节针对输弹机的外链板进行可靠性强化试验研究，为解决外链板的疲劳失效问题、提高输弹系统的任务可靠性提供参考。内链板的可靠性强化试验研究同理进行。

1. 强化应力的施加

外链板与销轴之间碰撞力的大小，是影响输弹系统外链板疲劳寿命的最直接因素，因此，可以通过提高外链板与销轴之间碰撞力的方式来实现外链板疲劳的强化。

输弹过程中，外链板与销轴之间的碰撞力主要来源于推动弹丸及药筒所克服的惯性力、摩擦力及重力分量，因此，可以通过增加弹丸及药筒质量的办法，来增大外链板与销轴之间的碰撞力。此外，在研究中发现，加快输弹速度可以增加链头与弹丸之间的冲击，也能达到间接增大外链板负载的目的。因此，通过增加弹丸及药筒的质量和提高链轮转速的方式来实现外链板的疲劳强化。

正常输弹过程中，链轮平均转速为 $\omega = 3\,500\ °/s$，因此选取 3 500 °/s 为链轮转速水平下限；由于受到液压系统性能的限制，选取 7 000 °/s 为链轮转速水平上限。

某自行火炮配备的弹丸有两种，其中远程杀伤爆破弹较重，质量为 47 kg；药筒的质量为 29 kg，因而选取 47 kg 和 29 kg 分别作为弹丸和药筒的质量水平下限。为使外链板在强化试验工况下的疲劳寿命与正常工况下的疲劳寿命具有可比性，要求在强化试验条件下，外链板由推送药筒过渡到输弹时受到的强化应力变化趋势与正常工况时相似，因而外链板在推送试验药筒时所受的强化应力与输送试验弹丸时所受到的强化应力的比值应与正常工况下时相同，试验弹丸质量与试验药筒质量的比值应与弹丸和药筒质量之比相等，即

$$\frac{m_{ed}}{m_{ey}} = \frac{m_d}{m_y} \tag{7-15}$$

式中：m_{ed}、m_{ey}分别为试验药筒和试验弹丸的质量；m_d、m_y分别为弹丸和药筒的质量。

因而可把试验弹丸质量与试验药筒质量视为同一强化应力水平，称为质量强化应力。按照试验设计的一般要求，将链轮转速水平分为6级，如表7-1所示。试验弹丸及药筒质量水平分别以公差为$\Delta m_1 = 47$ kg和$\Delta m_2 = 29$ kg的等差数列同比递增，如表7-2所示。

表7-1 链轮转速水平　　　　　　单位：(°)/s

链轮转速水平	1	2	3	4	5	6
链轮平均转速（ω）	3 500	4 200	4 900	5 600	6 300	7 000

表7-2 试验弹丸及药筒质量水平　　　　　　单位：kg

质量水平	1	2	3	…	n
试验弹丸质量（m_1）	47	94	141	…	$47n$
试验药筒质量（m_2）	29	58	87	…	$29n$

在工程实践中，可通过设计不同质量的试验弹丸与试验药筒来实现试验弹丸及试验药筒质量的增加，通过调整液压系统工作参数的方式实现链轮转速的提高，从而达到输弹机外链板可靠性强化试验的目的。进行可靠性强化试验仿真时，在虚拟样机中更改弹丸及药筒的质量以及液压元件的工作参数即可。

2. 强化试验仿真分析

1）外链板应力分析

应用ANSYS软件对外链板进行了应力分析。其中，网格划分采用了

四面体单元。由于外链板端部圆孔处应力梯度较大，为了保证计算结果的精度，在划分网格时对外链板端部的圆孔进行了局部细化。外链板的有限元模型共包含 123 654 个单元、26 921 个节点，如图 7－4 所示。因为运用 FE－SAFE 模块进行疲劳寿命预测时，需要的是外链板的应力分布，而与应力大小无关，所以通常可以通过施加单位载荷从而获得外链板的应力分布。

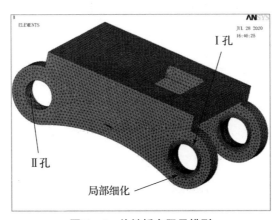

图 7－4　外链板有限元模型

有限元仿真表明，Ⅰ孔附近的最大应力略大于Ⅱ孔。因此，应将Ⅰ孔附近区域作为疲劳强化试验的重点考察区域，并且外链板的销孔内表面下侧边缘的应力最大，如图 7－5 所示，最易萌生疲劳裂纹直至断裂，与外链板实际的失效情况相符。

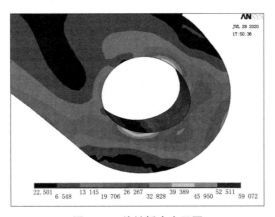

图 7－5　外链板应力云图

2）外链板与销轴的碰撞力历程

通过虚拟样机进行动力学仿真得到正常工况和不同强化试验工况下外链板与销轴之间的碰撞力历程如图 7-6 所示，分图题中"（$x-y$）"的"x"为链轮转速水平，"y"为质量水平，链轮转速水平、质量水平的含义见表 7-1 和表 7-2，由于篇幅所限，图 7-6 中仅列举了部分有代表性的质量水平与链轮转速水平组合工况下的碰撞力历程曲线。输弹机在收链过程中外链板与销轴之间的碰撞力几乎为零，收链过程不会引起外链板疲劳损伤，因而没有考虑收链阶段外链板与销轴间的碰撞力历程。

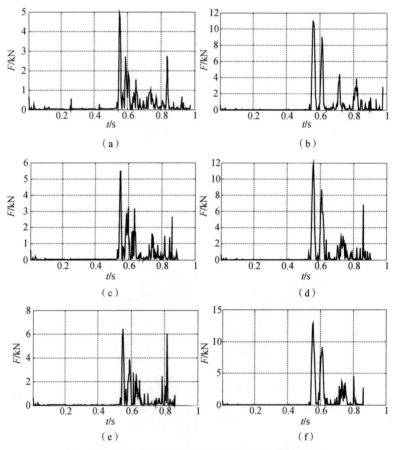

图 7-6 外链板与销轴在不同工况下的碰撞力历程

（a）（1-2）；（b）（1-4）；（c）（2-2）；（d）（2-4）；（e）（3-2）；（f）（3-4）

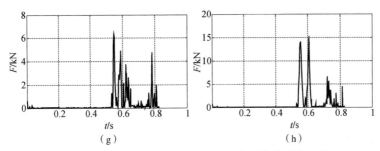

图 7 - 6　外链板与销轴在不同工况下的碰撞力历程（续）

（g）（4 -2）；（h）（4 -4）

由图 7 - 6 可见，外链板与销轴间的碰撞力存在很大跳动，这是由链头与弹丸及推壳机构与药筒之间的接触不连续，以及液压传动的固有属性引起的；由于链头的运动速度较快，当链头与静止的弹丸尾部接触时，短时间内会产生较大的冲击力，并且两者之间的分离、接触、再分离会重复多次，直到链头与弹丸不再分开为止；当加大试验弹丸以及试验药筒的质量时，试验弹丸及试验药筒的惯性及与托盘的摩擦力都会增大，使得外链板与销轴间的碰撞力也随之增大。

3）外链板疲劳寿命预测

基于 ANSYS/FE - SAFE 软件提供的 Seeger 材料近似算法，根据 GJB 1220A—2008 提供的 PCrNi1Mo 材料抗拉强度和弹性模量，从而获得外链板所用材料的 $S - N$ 曲线，如图 7 -7 所示。

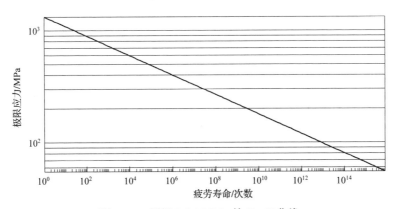

图 7 -7　材料 PCrNi1Mo 的 $S - N$ 曲线

由虚拟样机仿真，可以获得外链板承受的碰撞力历程；运用 ANSYS 软件进行外链板的有限元分析，可以获得外链板的应力分布。将外链板的材料参数、碰撞力历程及应力分析结果一并导入 ANSYS/FE - SAFE 模块，得到了外链板在不同工况下的疲劳寿命，如表 7 - 3 所示。

表 7 - 3　外链板在不同工况下的疲劳寿命　　单位：次

质量水平	转速水平					
	1	2	3	4	5	6
1	99 896	98 002	90 086	82 964	61 656	28 963
2	80 003	77 001	72 846	59 638	39 225	6 034
3	36 676	30 800	25 825	12 098	2 402	0
4	12 182	8 003	4 207	0	0	0
5	1 000	272	0	0	0	0
6	0	0	0	0	0	0

根据表 7 - 3，可以得到外链板的疲劳寿命强化系数，如表 7 - 4 所示。

表 7 - 4　外链板在不同工况下的强化系数　　单位：次

质量水平	转速水平					
	1	2	3	4	5	6
1	1	1.019 3	1.108 8	1.204 0	1.620 2	3.449 0
2	1.248 6	1.297 3	1.371 3	1.675 0	2.546 7	16.555 5
3	2.723 7	3.243 3	3.868 1	8.257 2	41.588 6	
4	8.200 2	12.482 3	23.745 1			
5	99.896	367.264 7				
6						

3. 仿真结果分析

（1）由表 7 - 3 可见，当质量等级大于 5 级后，不论链轮转速为多少，外链板的疲劳寿命都为 0 次，说明外链板发生了非疲劳破坏。可见，在对外链板进行可靠性强化试验的工程实践中，应取质量强化应力不高于 5 级。

（2）由表 7 - 4 可见，当输弹系统在 4 级质量水平、3 级链轮转速水平组合强化工况下工作时，外链板的疲劳寿命已经为正常工况下外链板疲劳寿命的 1/23.745 1，说明所拟定的强化试验方案和所设计的强化试验装置能够起到快速激发外链板疲劳失效、缩短试验周期的效果。

（3）将 FE - SAFE 计算得到的寿命结果文件导入 ANSYS 后处理器中进行处理，得到外链板的寿命云图，如图 7 - 8 所示。由图 7 - 8 看出，外链板的危险点位于销孔下侧内表面，在强化试验工况下，断裂区域明显比正常工况下的断裂区域宽，说明所拟定的试验方案能够起到激发零件疲劳失效的效果；比较图 7 - 8（b）、（c）可知，以质量作为强化应力时的强化效果要比链轮转速强化效果明显。

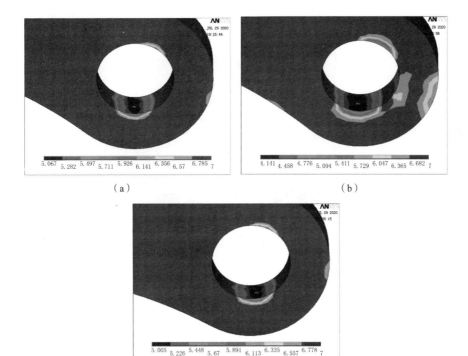

（a）

（b）

（c）

图 7 - 8　外链板寿命分布云图

（a）正常工况；（b）1 级转速 4 级质量；（c）4 级转速 1 级质量

（4）为了直观地表示链板疲劳寿命在各种试验方案下的分布情况，将表7-3中的数据（除第6级质量水平）在 MATLAB 中进行处理，得到图7-9。由图7-9可知，增大试验弹丸及试验药筒质量和提高链轮转速都可以加快激发外链板的疲劳失效；单独从增大试验弹丸及试验药筒质量和提高链轮转速来看，前者对外链板疲劳失效的强化效果更为明显；且当试验弹丸及试验药筒质量增加到某一数值后（第2级质量水平），随着质量水平的增加，外链板的疲劳寿命急剧缩短，链轮转速对外链板疲劳失效的影响显然没有试验弹丸及试验药筒质量的影响显著，但在工程实践中，提高链轮转速可以缩短单次输弹动作的时间，从而缩短强化试验周期。因此，在进行输弹机外链板可靠性强化试验工程实践时，强化手段应以增大试验弹丸及试验药筒质量为主，而以提高链轮转速为辅。

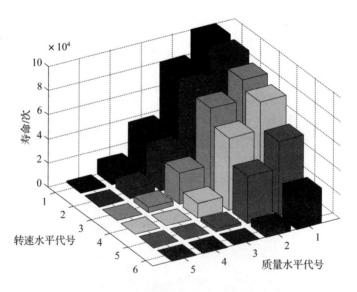

图7-9　外链板疲劳寿命分布图

（5）为了解试验弹丸及药筒质量、链轮转速分别对外链板疲劳失效的强化效果，在 MATLAB 中绘制出外链板在不同链轮转速下其疲劳寿命随试验弹丸及药筒质量变化的曲线，以及输弹机在推送不同质量的试验弹丸及药筒时，外链板的疲劳寿命随链轮转速变化的曲线，如图7-10所示。图

中 $\omega_1 \sim \omega_6$ 依次代表 1~6 级链轮转速水平，$m_1 \sim m_5$ 依次代表 1~5 级试验弹丸及试验药筒质量水平。

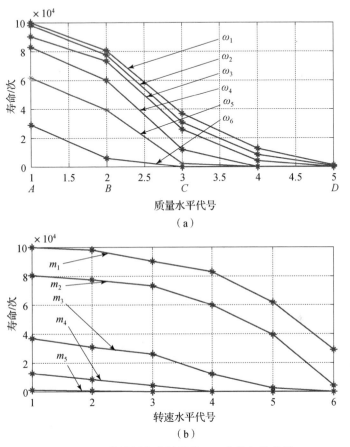

图 7-10　外链板寿命随强化工况变化规律曲线

（a）寿命-试验弹丸及试验药筒质量曲线；（b）寿命-链轮转速曲线

分析图 7-10（a）可知，在不同链轮转速水平下，外链板疲劳寿命随试验弹丸及药筒质量的增加而变化的趋势基本相同，具有明显的规律性。曲线 ω_1、ω_2、ω_3、ω_4 和 ω_5 可以划分为图 7-10 所示的 AB、BC、CD 的 3 段。曲线的 AB 段斜率较小，这是因为试验弹丸及试验药筒的质量相对较小，对外链板疲劳失效的强化效果还不明显；BC 段的斜率较大，外链板的疲劳寿命随着试验弹丸及试验药筒质量的增加而迅速缩短，强化效果显著；CD 段的斜率随着试验弹丸及试验药筒质量的增大而减小，外链板的疲劳寿命随试验弹丸及试验药筒质量的增加而缩短的速率减缓。因而，在 BC 段之间选取试验弹丸及药筒的质量，可以获得较高的效费比。对于曲线 ω_6，BC 段变化趋势发生改变，且 C 点对应的疲劳寿命为 0，说明外链板失效机理在 BC 之间发生了改变。

分析图 7 – 10（b）可知，在不同试验弹丸及药筒质量水平下，外链板疲劳寿命随链轮转速增加而变化的趋势基本相同，具有明显的规律性。在试验弹丸及药筒质量水平不变的情况下，外链板的疲劳寿命随链轮转速的提高而缩短；总体上看，曲线的斜率随着链轮转速的提高逐渐增大，在试验弹丸及药筒质量水平 1、2 下，外链板失效机理未发生改变；而在试验弹丸及药筒质量水平 3、4、5 下，外链板失效机理分别在链轮转速水平 5 ~ 6、3 ~ 4、2 ~ 3 之间发生了改变。因此，从理论上来看，只要所选取的链轮转速不改变外链板的失效机理，其转速越高，强化效果越明显；但在工程实践中，受到技术条件的限制，链轮转速不能无限增大，因而在具体实施可靠性强化试验时，应综合考虑可实现性、可操作性和效费比等因素的影响。

7.3.4 推壳机构挂钩强化试验仿真

输弹时，输弹链条通过链尾销轴带动推壳机构的挂钩，使推壳机构随链尾运动，将空药筒推送到输弹机防护舱 V 形槽的规定位置，为下一枚空药筒让出空间，其工作过程如图 7 – 11 所示。因为挂钩尺寸小、受载大、工作频繁，所以易发生疲劳失效。挂钩失效后，就无法将空药筒从防护舱推出，影响下一发弹丸的发射。因而，挂钩的疲劳问题是影响输弹系统任务可靠性的重要因素。

1. 强化应力的施加

挂钩与链尾销轴之间的碰撞力大小是影响挂钩疲劳寿命的直接因素，

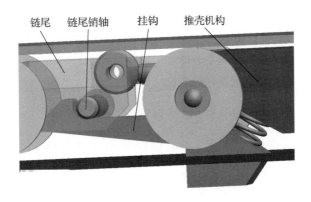

图 7 – 11　挂钩工作示意图

因此，可以通过增加挂钩与链尾销轴之间碰撞力大小的方式实现挂钩的疲劳强化。

某自行火炮配备的药筒的质量为 29 kg，因而选取 29 kg 作为试验药筒的质量水平下限，以公差为 $\Delta m_2 = 29$ kg 的等差数列递增。试验药筒质量水平见表 7 – 2。

在工程实践中，可通过设计不同质量的试验药筒的方式来实现药筒质量的增加，从而达到输弹机挂钩可靠性强化试验的目的。在进行可靠性强化试验仿真时，在仿真平台中更改药筒的质量即可。

2. 强化试验仿真分析

1）挂钩应力分析

应用 ANSYS 软件对挂钩进行应力分析。其中，网格划分采用了四面体单元。挂钩的有限元模型共包含 245 801 个单元、46 446 个节点，如图 7 – 12 所示。因为运用 FE – SAFE 模块进行疲劳寿命预测时，只需提供挂钩的应力分布情况，而与应力的大小无关，所以通常施加单位载荷从而获得挂钩的应力分布。

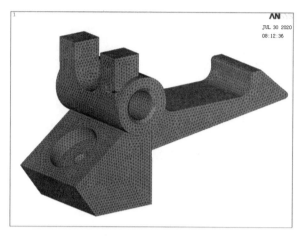

图 7 - 12　挂钩有限元模型

图 7 - 13 为挂钩应力分布云图。由图 7 - 13 可知挂钩圆角根部外侧边缘应力最大，最易萌生疲劳裂纹直至断裂，与挂钩实际的故障情况相符。因此，应将挂钩圆角根部外侧边缘附近区域作为疲劳强化试验的重点考察区域。

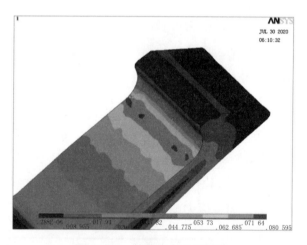

图 7 - 13　挂钩应力分布云图

2）挂钩与链尾销轴的碰撞力历程

通过虚拟样机仿真，得到挂钩在正常工作条件和不同强化试验工况下与销轴之间的碰撞力历程曲线如图 7 - 14 所示。图 7 - 14（a）~（d）依次代表挂钩在 1 ~ 4 级试验药筒质量水平下的碰撞力历程。试验药筒质量水平代号的具体含义见表 7 - 2。

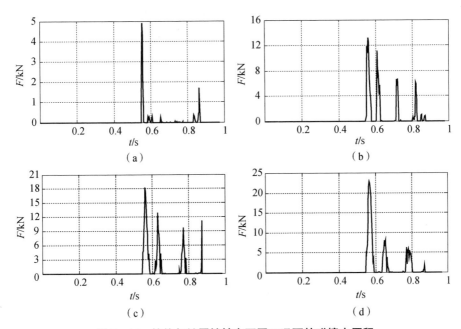

图 7 - 14　挂钩与链尾销轴在不同工况下的碰撞力历程

（a）1 级试验药筒质量水平；（b）2 级试验药筒质量水平；

（c）3 级试验药筒质量水平；（d）4 级试验药筒质量水平

由图 7 - 14 可以看出，由于推壳机构与试验药筒之间的接触不连续，挂钩与链尾销轴间的碰撞力存在很大跳动。由于推壳机构的运动速度较快，当推壳机构与静止的试验药筒尾部接触时，短时间内会产生较大的冲击力，并且两者之间的分离、再接触会重复多次，直到推壳机构与药筒不再分开或永久分开为止。当加大试验药筒的质量时，试验药筒的惯性、重力分量及与试验装置箱体的摩擦力都会增大，使得外链板与销轴间的碰撞力也随之增大，与实际观察的工作过程相符。

3）挂钩疲劳寿命预测

挂钩的材料为 PCrNi1Mo，其 $S - N$ 曲线如图 7 - 7 所示；通过输弹机

可靠性强化试验虚拟样机仿真，可以获得挂钩承受的碰撞力历程；运用
ANSYS 软件进行挂钩的有限元分析，可以获得外链板的应力分布；将材料
参数、挂钩的碰撞力历程和挂钩应力分布一并导入 ANSYS/FE‑SAFE 中
进行寿命预测，得到挂钩在不同工况下的疲劳寿命及强化系数，如表 7‑5
所示。

表 7‑5　挂钩在不同工况下的疲劳寿命及强化系数　　单位：次

质量水平代号	1	2	3	4	5
疲劳寿命	97 912	79 897	16 579	2 061	0
强化系数	1	1.2	5.9	47.5	

3. 仿真结果分析

（1）由表 7‑5 知，当质量等级大于 4 级后，挂钩的疲劳寿命为 0 次，
说明挂钩发生了非疲劳破坏。可见，在对外链板的可靠性强化试验的工程
实践中，应取质量强化应力不高于 4 级。

（2）将表 7‑5 中的数据在 MATLAB 中进行处理，得到图 7‑15。
图 7‑15 的变化趋势表明，增大试验药筒质量可以显著地加快挂钩的疲劳
失效；曲线 AB 段的斜率最大，在 A、B 两点之间选取试验药筒质量对挂钩
的疲劳可靠性进行强化通常能取得较高的效费比。

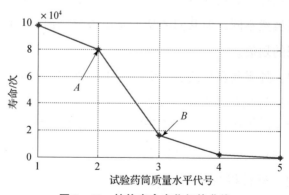

图 7‑15　挂钩寿命变化规律曲线

7.4　磨损强化试验机理研究

7.4.1　磨损的特征和机理

国家标准 GB/T 2889.2—2020 给出了磨损的定义：指固体表面在摩擦条件下以物体尺寸逐渐减小和（或）形状发生改变为表征的物质损失过程或由该过程所导致的结果。磨损是机械零件在正常运转过程中不可避免的一种能量耗散的现象，它是影响机械设备可靠性的主要因素之一，研究磨损的目的在于通过对各种磨损现象的考察和特征分析，找出它们的变化规律和影响因素，从而寻求控制磨损和提高耐磨性的措施，也可用于预测机器的磨损寿命。

按照布维尔提出的分类方法，通常可以把磨损分为五类：黏着磨损、磨粒磨损、接触疲劳磨损、腐蚀磨损、微动磨损。

黏着磨损：当摩擦副表面相对滑动时，由于黏着效应所形成的黏着结点发生剪切断裂，被剪切的材料脱落形成磨屑，或由一个表面迁移到另一个表面的磨损现象。根据黏结点的强度和破坏位置不同，黏着磨损有几种不同的形式，从轻微磨损到破坏性严重的胶合磨损。它们的磨损形式、摩擦系数和磨损虽然不同，但共同的特征是出现材料前移，以及沿滑动方向形成程度不同的划痕。

磨粒磨损：外界硬颗粒或者对磨表面上的硬突起物或粗糙峰在摩擦过程中引起表面材料脱落的现象。磨粒磨损是最普遍的磨损形式。据统计，在生产中因磨粒磨损所造成的损失占整个磨损的一半左右，因而研究磨粒磨损有着重要的意义。一般说来，磨粒磨损的机理是磨粒的犁沟作用，即微观切削过程。材料相对于磨粒的硬度和载荷以及滑动速度起着重要的作用。

接触疲劳磨损：两个相互滚动或滚动兼滑动的摩擦体表面，在循环变化的接触应力作用下，由于材料疲劳剥落而形成凹坑的磨损现象，也称为表面疲劳磨损。除齿轮传动、滚动轴承等以这种磨损为主要失效方式之外，摩擦表面粗糙峰周围应力场变化所引起的微观疲劳现象也属于此类磨损。一般说来，接触疲劳磨损是不可避免的，即便是在良好的油膜润滑条件下也将发生。接触疲劳磨损过程十分复杂，尽管影响因素繁多，但主要受载荷性质、材料性能、润滑剂的物理与化学作用等因素的影响。

实际的磨损现象通常不是以单一形式出现，而是以一两种为主、几种不同机理磨损形式的综合表现。所以有的文献中，指出由于微动磨损是一种可能出现其他几种磨损形式的典型复合磨损，将磨损划分为四类[156]。

大量的试验和经验表明，机械零件的典型的磨损过程一般分为三个阶段：磨合磨损、稳定磨损、剧烈磨损。图 7 – 16 为典型的磨损过程曲线。

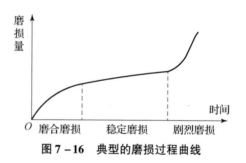

图 7 – 16　典型的磨损过程曲线

磨损是工程构件主要破坏形式之一，也是输弹机零部件的主要失效模式。机械零件的磨损在规定使用期限内不超过允许值，就可以认为是一种允许的正常磨损现象。当材料磨损到零部件的外廓不足以传递运动或传递运动不精确、不确实时，可以认为磨损引起零部件寿命终止。

分析输弹机的工作原理可以得出：各零部件之间在传递运动的过程中产生的摩擦基本上属于干摩擦，其中多数为滑动摩擦，少数为滚动摩擦，且运动时要经历从静摩擦到动摩擦、从动摩擦到静摩擦的转换。通过对零件表面形态进一步放大观察，如图 7 – 17 所示，发现零件表面除了划痕外，还有成片的剥落，与黏着磨损的形貌匹配。因此，可认为输弹机零部件的磨损基本上都以黏着磨损为主，其基本物理过程可认为是黏着—剪切—再黏着—再剪切的循环[157]。

图 7 - 17　外链板金相显微镜 500 倍下表面形貌

7.4.2　可强化性分析

为了实现输弹机零部件表面的磨损强化，需要分析影响磨损的主要因素；同时为了能够定量衡量零部件的磨损程度，还需确定各个因素的影响比重。尽管当前磨损计算理论还不成熟，许多磨损机理和计算方法带有很大的局限性[158]，但各种工程背景对磨损预测的需求却日益迫切。

根据当前较为成熟的磨损量表达式以及在销 – 盘式磨损试验机上进行干滑动磨损试验确定的磨损量与工况参数之间的关系[156]，可认为磨损量 W 主要取决于表面压力 p、滑动速度 v 以及作用时间 t，即

$$W = K_W p^m v^n t \qquad (7 - 16)$$

式中：W 为磨损量，即接触区域单位面积上的磨损量；K_W 为工况条件系数，与材料、表面品质和润滑状态等因素有关；p、v 为（表面）正压力、速度；m、n 为压力和滑动速度对磨损量的影响指数；t 为磨损时间。其中，K_W、m 和 n 通常通过试验拟合得到。

从式（7 -16）可以发现，在试件材料确定的情况下，相互接触试件间的表面正压力和相对速度是决定磨损量的主要因素，判断磨损失效过程是否具有可强化性的关键在于表面正压力或相对速度能否得到大幅提高。因此，磨损失效强化试验的首要任务就是具体分析试验对象的工作原理，

依据构件受力和相对运动情况，通过提高构件间表面正压力或相对运动速度，形成可行的强化试验技术方案。

7.4.3　强化系数推导

磨损强化试验的效果可以用强化系数 K 来表示。若用磨损量定义，磨损的强化系数可表示为

$$K = \frac{H'}{H} \qquad (7-17)$$

式中：H 和 H' 分别表示零件在正常工况和强化工况下工作的单次磨损量。

输弹机外链板销孔与销轴之间的配合属于典型的圆柱体和圆柱凹面圆弧接触受力形式，如图 7-18 所示。

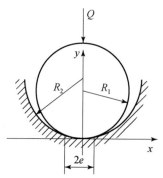

图 7-18　销轴与外链板销孔的接触示意图

根据赫兹（Hertz）接触压力公式，销轴与外链板销孔之间的最大接触压力 $P_{\max}$：

$$P_{\max} = \sqrt{\frac{Q(R_2 - R_1)}{\pi L R_2 R_1} \cdot \frac{1}{\dfrac{1-\mu_1^2}{E_1} + \dfrac{1-\mu_2^2}{E_2}}} \qquad (7-18)$$

式中：$P_{\max}$ 为最大接触压力；Q 为载荷；L 为销轴与销孔的有效接触长度；R_1 与 R_2、μ_1 与 μ_2、E_1 与 E_2 分别为销轴和外链板销孔的半径、泊松比和弹性模量。

外链板销孔与销轴接触瞬间表现为线接触，接触之后由于两者接触处都发生了弹性变形，因此，线接触变成宽度为 $2e$ 的矩形面接触，其中接触半宽 e 可由式（7-19）求出。

$$e = \sqrt{\frac{4QR_1R_2}{\pi L(R_2 - R_1)} \cdot \left(\frac{1 - \mu_1^2}{E_1} + \frac{1 - \mu_2^2}{E_2}\right)} \tag{7-19}$$

接触面上的压力按椭圆柱规律分布。变形最大处压力最大，接触面上其余各点的压力 $P(x)$ 按半椭圆规律分布，其表达式为

$$P(x) = P_{\max}\sqrt{1 - \frac{x^2}{e^2}} \tag{7-20}$$

外链板销孔在一个采样时间内的磨损量为

$$W(i) = \int_{-e}^{e} K_W P(x,i)^m \cdot V(i)^n \cdot \Delta t(i) \cdot L \mathrm{d}x \tag{7-21}$$

式中：$\Delta t(i)$ 为采样时间（间隔）；$L\mathrm{d}x$ 为外链板销孔压力 $P(x, i)$ 的微元面积。

假设 a 为在正常工况下单次输弹载荷谱的采样点数，则单次输弹的磨损量为

$$H = \sum_{i=1}^{a} W(i) \tag{7-22}$$

在强化输弹工况下，假设 b 为单次输弹载荷谱的采样点数，则强化工况下单次输弹的磨损量为

$$H' = \sum_{i=1}^{b} W'(i) = \sum_{i=1}^{b} \left(\int_{-e}^{e} K_W P'(x,i)^m \cdot V'(i)^n \cdot \Delta t'(i)\mathrm{d}x\right) \tag{7-23}$$

式中：P'、V'、$\Delta t'$ 表示强化输弹工况下的外链板（表面）正压力、相对速度和采样时间（间隔）。

则由式（7-21）~式（7-23）可得强化系数 K：

$$K = \frac{H'}{H} = \frac{\sum\limits_{i=1}^{b} \left(\int_{-e}^{e} P'(x,i)^m \cdot V'(i)^n \cdot \Delta t'(i)\mathrm{d}x\right)}{\sum\limits_{i=1}^{a} \left(\int_{-e}^{e} P(x,i)^m \cdot V(i)^n \cdot \Delta t(i)\mathrm{d}x\right)} \tag{7-24}$$

7.5 外链板磨损强化试验仿真

输弹链条的功能主要是将弹丸以不小于 3 m/s 的速度推送入膛，以实现可靠卡膛，并带动推壳机构将空药筒推送到规定位置，是输弹机的重要组成部分。输弹链条内、外链板销孔的磨损使得内、外链板销孔与销轴之间的配合间隙增大，导致输弹链条在输弹过程中受压时的挠度增加，工作段长度变短，致使弹丸的卡膛速度不能达到任务要求，无法实现可靠卡膛，影响火炮的作战性能，甚至会危害操作人员的人身安全。因此本节针对输弹机外链板磨损失效进行可靠性强化试验研究，以期为解决外链板销孔的磨损失效问题、提高输弹机的任务可靠性提供参考。内链板的可靠性强化试验研究同理施行。

7.5.1 强化应力的施加

由式（7-16）可知，外链板与销轴之间的正压力 p 及相对滑动速度 v 的大小都直接影响输弹机外链板销孔的磨损寿命。在输弹过程中，外链板与销轴之间的正压力 p 主要来源于弹丸及药筒的惯性力、摩擦力及重力分量，因而通过增加试验药筒及弹丸质量的办法可以提高正压力 p，从而加快构件的磨损。而外链板销孔与销轴之间的相对滑动速度决定于输弹速度，提高链轮转速可以加快外链板与销轴之间的相对滑动速度 v。因此，增大试验弹丸及药筒的质量和提高链轮转速可以实现外链板的磨损强化，可见，外链板磨损强化试验所选取的强化应力种类与其疲劳强化试验所选取的强化应力种类相同。因为进行外链板磨损强化试验时，必须保证外链板在磨损失效前不会发生疲劳断裂，所以，外链板疲劳失效强化试验的质量和转速水平上限即为磨损失效强化试验质量和链轮转速水平上限。在进行外链板疲劳失效强化试验仿真研究时，已经确定了链轮转速水平和试验弹丸及药筒的质量水平上、下限及应力量级，如表 7 - 1 和表 7 - 2 所示。

7.5.2　强化试验仿真

1. 外链板与销轴的相对滑动速度历程及正压力历程

通过虚拟样机仿真可以得到输弹机外链板销孔与销轴之间的相对转动速度历程，如图 7 - 19 所示，由于篇幅所限，图 7 - 19 中仅列举了具有代表性的部分曲线。图 7 - 19 中，$(x - y)$ 表示的含义与图 7 - 6 相同。将角速度时间历程乘以销轴半径即可得到输弹机外链板销孔与销轴之间的相对滑动速度时间历程。由于输弹机在收链过程中外链板与销轴之间的碰撞力几乎为零，由式（7 - 16）可知，收链过程引起的外链板销孔磨损量可以忽略不计，因而，没有考虑收链阶段外链板与销轴的相对转动速度历程。

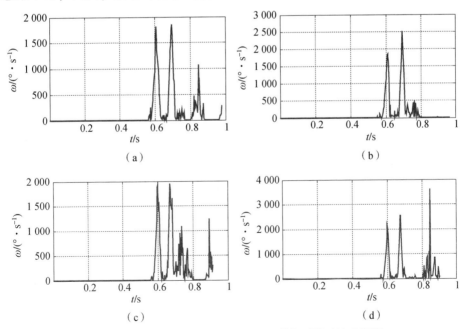

图 7 - 19　外链板与销轴在不同工况下的相对转动速度历程

(a)（1 - 2）；(b)（1 - 4）；(c)（2 - 2）；(d)（2 - 4）

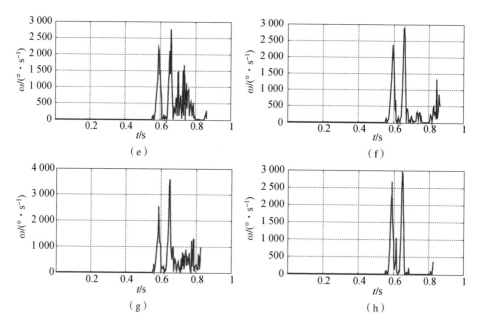

图 7 - 19   外链板与销轴在不同工况下的相对转动速度历程（续）

(e) (3 - 2)；(f) (3 - 4)；(g) (4 - 2)；(h) (4 - 4)

由于进行外链板磨损强化时所采用的强化方法以及强化应力水平均与外链板疲劳强化试验相同，所以外链板与销轴之间的正压力历程即为外链板与销轴之间的碰撞力历程，见图 7 - 6。

2. 外链板磨损强化系数仿真计算

根据式（7 - 23），利用 MATLAB 编程就可进行外链板销孔磨损量的计算，计算程序流程图如图 7 - 20 所示。

链板材料为 PCrNi1Mo，根据参考文献 [153] 可知，$K_W = 0.132$，$m = 1.215$，$n = 1.48$，则外链板销孔磨损量的表达式为

$$H' = \sum_{i=1}^{b} W'(i) = \sum_{i=1}^{b} \left(\int_{-e}^{e} 0.132 \cdot P'(x,i)^{1.215} \cdot V'(i)^{1.48} \cdot \Delta t'(i) \, dx \right)$$

$$(7 - 25)$$

应用上述的磨损量计算流程，可以计算得到各个强化工况下外链板销

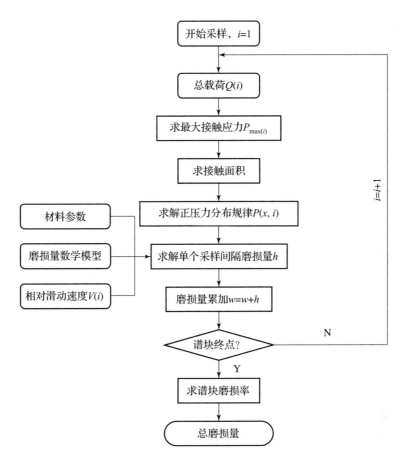

图 7 – 20　外链板销孔磨损量计算程序流程图

　　孔的单次输弹磨损量强化系数，如表 7 – 6 所示。由于受到外链板强度的限制，有些工况下，外链板在达到磨损寿命之前，会首先发生疲劳断裂，因而这些工况下的外链板磨损强化试验是无法实现的，在表中用"—"表示。

表 7 – 6　外链板在不同工况下的磨损强化系数

质量水平	转速水平					
	1	2	3	4	5	6
1	1	1.119 0	1.806 7	2.680 0	3.921 2	5.564 5

续表

质量水平	转速水平					
	1	2	3	4	5	6
2	1. 723 8	1. 965 0	3. 377 9	6. 400 0	7. 452 3	9. 830 3
3	2. 541 2	3. 251 7	4. 236 5	7. 511 5	10. 502 5	—
4	4. 312 5	4. 733 6	8. 653 6	—	—	—
5	8. 515 5	10. 252	—	—	—	—
6	—	—	—	—	—	—

7.5.3 仿真结果分析

将表 7 - 6 中的数据在 MATLAB 中进行处理，得到图 7 - 21。从图 7 - 21 中可见，增大试验弹丸及试验药筒质量和提高输弹速度都可以加快外链板销孔的磨损失效。

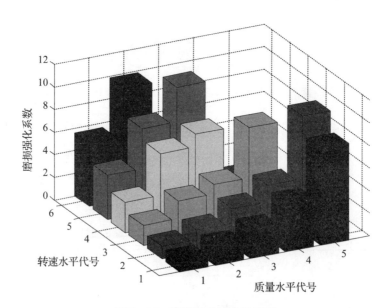

图 7 - 21　磨损强化系数柱状图

由图 7 - 21 可见，在以磨损为失效机理的强化试验中，试验弹丸与试验药筒质量水平及输弹速度水平均能起到明显的强化作用，这与疲劳失效强化试验仿真的结果呈现出不同的规律；在具体实施磨损可靠性强化试验时，应从可实现性、可操作性和经济性等方面综合考虑，选取试验弹丸与试验药筒质量水平及链轮转速水平的最优组合方式，以达到最优的强化效果。

7.6　本章小结

本章基于输弹系统虚拟样机仿真试验平台，重点围绕输弹系统关重件的疲劳失效和磨损失效开展强化试验仿真。针对可靠性强化试验的基本要求和虚拟样机仿真的特点，提出了强化试验仿真指导原则；通过失效机理和失效过程分析，分别建立了疲劳及磨损强化系数计算模型；针对典型的输弹系统疲劳和磨损失效关重件，开展了可靠性强化试验仿真研究，实现了输弹系统强化试验仿真，并对强化试验效果进行了具体分析。结果表明，可靠性强化试验方法和试验方案合理、可行，为开发输弹系统可靠性强化试验装置、进行输弹系统可靠性强化试验提供理论和技术参考。

第 **8** 章

输弹系统结构参数优化研究

基于虚拟样机仿真，可以产生大量输弹系统的想定设计方案，在此基础上，可以对输弹性能进行综合评价，从而获得一种性能最优的方案。然而，在虚拟样机中，通过反复的修改参数实现重新组合来寻求既定目标的接近值，必然带有一定的盲目性，而且它只能是所有已生成方案中的最优方案，并不是真正的最优方案，甚至离最优方案还有很远距离。因此，运用优化理论，在各参数允许范围内求解最优方案，则显得非常必要。本章节，我们将以输弹系统性能综合评价指标建立输弹系统设计方案的优化函数，基于神经网络和遗传算法实现输弹系统的动态性能优化。

8.1   输弹系统结构参数优化方法

最优化方法是用数学的结果和计算机的数值计算去寻找一个最佳的选

择，这里所谓的最佳往往表现为一个目标函数在满足一定的约束条件下的极大或极小。最优化技术与工程应用密切相关，很多工程设计往往是对各种可能的方案进行选择，最后找到一种最佳的设计。最优化的理论和方法不断得到丰富和发展，逐渐发展成为一门新兴学科，并在工程实践中得到广泛应用。

8.1.1 优化步骤

为了把最优化方法应用于具体的工程问题，必须定义被优化系统的性能指标、设计变量和约束条件等。这就是工程最优化的建模过程。对于输弹系统结构参数优化问题而言，主要包括以下步骤。

1. 确定目标函数

输弹任务的成功与否决定于弹丸卡膛速度的大小，因为它的大小决定弹丸是否能够嵌入坡膛而不滑落。为了保证输弹精度，在输弹过程中弹丸就必须平稳，弹丸质心的跳高是输弹稳定性的重要体现；而且在输弹过程中尽可能地减小能量消耗，即在保证卡膛速度的同时，尽量减小推弹力。综上所述，选取卡膛速度，弹丸的跳高和推弹力来作为目标函数。

2. 确定设计变量

输弹系统优化的主要任务是如何合理匹配诸多设计变量，使目标函数达到最优。然而，在实际优化过程中，不可能将所有因素均考虑进去，这样可能既费时又费力，最终也未必能够获得理想的优化效果。因此，优化时首先应分析系统研究目标，根据相对灵敏度计算结果找出影响目标函数的主要参数，将这些结构参数作为优化设计变量。

3. 确定约束条件

输弹系统的性能指标取决于设计变量，但是在很多实际问题中，设计变量的取值范围是有限制的，换句话说，需要满足某些有限制的条件，这就是约束条件。约束条件分为显式约束和隐式约束，显式约束是对变量直接限制，隐式约束是对某些变量的间接限制。

4. 灵敏度分析

根据建立的输弹系统结构参数化模型，利用仿真分析，计算各结构参数的相对灵敏度，可以避免因结构参数量纲不同而难于比较对目标函数影响的重要程度。通过对各结构参数对目标函数的影响重要程度进行排序，获取对目标函数有重要影响的结构参数。在进行结构参数优化时可以根据其影响重要度而有所取舍，不至盲目选择待优化参数。

5. 优化计算

得出对目标函数有重要影响的结构参数后，运用人工神经网络（Artificial Neural Network，ANN）技术对其进行学习训练，建立起目标函数与设计变量之间的函数关系，再用遗传算法进行优化，最终得到一组使目标函数最优的结构参数。

8.1.2　灵敏度分析

灵敏度分析的目的就是由机械结构的设计参数的变化来计算出机械结构的响应或者性能的变化量。各个设计参数对机械结构的响应或者性能的灵敏度分析主要采用求导的方法。通过求导计算，所得值的绝对值大小就表示了设计参数对机械结构性能或者响应的敏感度。

输弹系统的动力学方程可以用式（8-1）来表示[11]：

$$A\dot{Z} = B \tag{8-1}$$

其中，$Z = \{z_1, z_2, \cdots, z_n\}^{\mathrm{T}}$ 为系统变量，且

$$z_i = \int_0^t f_i(b_1, b_2, \cdots, b_m, z_1, z_2, \cdots, z_n, t)\,\mathrm{d}t \tag{8-2}$$

其中，b_1，b_2，$\cdots$，b_m 为输弹系统结构参数。

在计算结构参数的灵敏度时，可令结构参数 $b_j(j = 1, 2, \cdots, m)$ 发

生一个改变量 Δb_j，而其他参数保持不变，通过求得输弹系统的响应改变量 ΔZ，依据偏导数定义，结构参数在 b_j 点的灵敏度为

$$S_j^z(b_j) = \frac{\partial Z}{\partial b_j} = \lim_{\Delta b_j \to 0} \frac{\Delta Z}{\Delta b_j} \tag{8-3}$$

在 Δb_j 较小时，有如下近似的关系式：

$$S_j^z(b_j) \doteq \frac{\partial Z}{\partial b_j} = \lim_{\Delta b_j \to 0} \frac{Z(t)\mid_{b_j + \Delta b_j} - Z(t)\mid_{b_j}}{\Delta b_j} \tag{8-4}$$

其中，$Z(t)\mid_{b_j + \Delta b_j}$ 仍需求解动力学方程

$$A\mid_{b + \Delta b} \dot{Z}(t)\mid_{b + \Delta b} = b\mid_{b + \Delta b} \tag{8-5}$$

可以利用虚拟样机仿真求得。有一点必须说明，相对灵敏度的正负表示目标函数随影响因素值的增减，绝对值大小表示影响程度。

由于各结构参数的量纲有所不同（刚度、阻尼和零部件结构尺寸等），因此在灵敏度定义的基础上，采用相对灵敏度的计算方法确定各结构参数对目标函数的重要程度，也就是利用目标函数和结构参数的相对改变量定义结构参数的相对灵敏度，即

$$\tilde{S}_j^z(b_J) = \frac{\partial Z}{\partial b_j} \frac{b_j}{Z\mid_{b_j}} = \lim_{\Delta b_j \to 0} \frac{(Z\mid_{b_j + \Delta b_j} - Z\mid_{b_j})/Z\mid_{b_j}}{\Delta b_j / b_j} \tag{8-6}$$

在 Δb_j 较小时，有如下近似的关系式：

$$\tilde{S}_j^z(b_J) \doteq \frac{\Delta Z/Z_{b_j}}{\Delta b_j / b_j} = \frac{(Z\mid_{b_j + \Delta b_j} - Z\mid_{b_j})/Z_{b_j}}{\Delta b_j / b_j} \tag{8-7}$$

有时也采用半相对灵敏度的方法进行分析，即

$$\bar{S}_j^z(b_J) = \frac{\partial Z}{\partial b_j / b_j} = \lim_{\Delta b_j \to 0} \frac{Z\mid_{b_j + \Delta b_j} - Z\mid_{b_j}}{\Delta b_j / b_j} \tag{8-8}$$

同理，Δb_j 较小时，有如下的关系式：

$$\bar{S}_j^z(b_J) = \frac{\partial Z}{\partial b_j / b_j} \doteq \frac{Z\mid_{b_j + \Delta b_j} - Z\mid_{b_j}}{\Delta b_j / b_j} \tag{8-9}$$

由式（8-6）和式（8-9）可以看出，相对（或半相对）灵敏度的计算结果与结构参数初始值有关。

8.1.3　优化设计方法

输弹系统结构参数与输弹系统动态性能之间是非线性关系，输弹系统参数设计方案作为输入，输弹系统性能综合指数作为输出，如果输入与输出响应的映射关系不明确，则根本无法进行优化。因此，必须建立起两者的联系。传统的方法是多元回归方法，即企图通过曲线拟合建立起变量与应变量之间明确的函数关系，这对于非线性极强的输弹系统来说，其拟合方法明显不合情理。

近些年来，人工神经网络技术已发展得相当成熟，并在许多行业获得了十分成功的应用，利用该项技术可通过对样机的多次仿真数据结果的学习训练，建立起目标函数与各参变量之间的网络"虚拟"函数。这样在优化设计时可利用各种优化算法调用这个"虚拟"函数完成优化设计工作。多次试验方案可以通过均匀设计法安排参数组合产生。

优化理论目前也在不断地发展与完善，本书中遗传算法是在综合比较各种优化算法的基础上选取的。

优化的主要步骤如下。

（1）建立输入－输出响应的样本库。输入 X 是底层的待优化输弹系统参数，输出 Y 为因素层数值。由正交设计法提供组合方案，由虚拟样机提供输出数据，以此建立设计方案样本库。

（2）基于人工神经网络学习、训练建立映射关系 $Y = f(X)$。

（3）以综合评价指数为目标函数，运用遗传算法对底层输弹系统结构参数进行优化。

综合评价指数：

$$Z = u(Y) \tag{8-10}$$

将 $Y = f(X)$ 代入式（8-10）中，则有

$$Z = u(f(X)) = v(X) \tag{8-11}$$

其中，Z 为效益型指标。

（4）验证优化结果的正确性。优化方案的正确性必须经得起输入虚拟样机中进行仿真检验，如果仿真输出结果的综合评价指数反而低于样本库，则说明网络训练出现了问题，应当采用扩大样本量来等效虚拟样机这个黑箱。

（2）和（3）是优化的核心，即神经网络的映射过程与输弹系统参数的最优求解构成输弹系统设计方案优化的实体。

基于以上描述，可以建立优化模型。

8.2 优化参数选取和目标函数确定

8.2.1 优化参数的选取

输弹系统设计参数的确定是参数化建模的重点内容，是能否得到好的优化结果的关键。设计参数的确定应首先考虑哪些参数可变、哪些参数不可变，如输弹系统的动力学参数不变、碰撞参数可变等；其次是根据实际情况在可变参数中确定出设计参数，不影响性能的参数可以不作为设计参数，所以确定设计参数需要对系统结构本身非常熟悉。

本书仅研究对输弹系统有影响的机械系统结构参数，通过仿真分析确定了 11 个结构参数，如表 8 - 1 所示。

表 8 - 1 待优化参变量

结构参数	初值	下限	上限
链头和弹丸的接触刚度/($N \cdot mm^{-1}$)	100 000	90 000	110 000
链头和弹丸的接触阻尼系数/($N \cdot s \cdot mm^{-1}$)	50	45	55
挡弹板下弹簧的刚度/($N \cdot mm^{-1}$)	7.63	7	8

结构参数	初值	下限	上限
挡弹板下弹簧的阻尼系数/(N·s·mm⁻¹)	0.5	0.4	0.6
弹丸质心的上下偏心量/mm	0	−5	5
弹丸质心的左右偏心量/mm	0	−5	5
弹丸质心的前后偏心量/mm	0	−5	5
挡弹板与弹丸的接触刚度/(N·mm⁻¹)	100 000	90 000	110 000
挡弹板与弹丸的接触阻尼系数/(N·s·mm⁻¹)	50	45	55
伸管尾部的倒角/mm	0	0	5
弹丸与炮膛的摩擦系数	0.22	0.2	0.24

通过仿真研究各结构参数对卡膛速度、推弹力和输弹平稳性的影响，得到各结构参数的灵敏度，再运用 5.2.2 小节的方法分析得到各结构参数影响卡膛速度、推弹力和输弹平稳性的相对灵敏度，结果如表 8-2 所示。从中可以看出，挡弹板下弹簧的刚度、弹丸质心的上下偏心量、挡弹板与弹丸的接触刚度、伸管尾部的倒角和弹丸与炮膛的摩擦系数对卡膛速度、推弹力和输弹平稳性影响较大，其他结构参数影响较小。所以，选择挡弹板下弹簧的刚度、弹丸质心的上下偏心量、挡弹板与弹丸的接触刚度、伸管尾部的倒角和弹丸与炮膛的摩擦系数作为优化参数。

表 8-2　结构参数的相对灵敏度

结构参数	卡膛速度	推弹力	弹丸垂向跳高
链头和弹丸的接触刚度	1.265E−3	4.652E−3	3.205E−5
链头和弹丸的接触阻尼系数	1.036E−2	−0.325	6.394E−4
挡弹板下弹簧的刚度系数	2.689	0.957	−1.364
挡弹板下弹簧的阻尼系数	−0.736	0.592	1.249
弹丸质心的上下偏心量	1.376	−1.359	2.382

结构参数	卡膛速度	推弹力	弹丸垂向跳高
弹丸质心的左右偏心量	− 0.235	9.246E − 2	0.951
弹丸质心的前后偏心量	3.694E − 4	2.351E − 3	− 5.368E − 2
挡弹板与弹丸的接触刚度	− 2.398	0.862	1.035
挡弹板与弹丸的接触阻尼系数	0.357	6.253E − 2	0.581
伸管尾部的倒角	2.841	− 0.729	1.658
弹丸与炮膛的摩擦系数	− 3.018	2.364	− 2.015E − 2

8.2.2　目标函数的确定

优化目标函数：在保证强制末速度的前提下，使得输弹过程有较高的平稳性和低的能量消耗，平稳性的好坏用弹丸的垂向跳高来衡量，能量消耗的高低用推弹力的大小来衡量。本书拟采用综合评价方法求得的综合指数为目标函数。它是由各个指标值加权求和得到。

隶属度函数的制定非常重要，也很有难度，主要是边界数值的制定主观性太强，即隶属度为1和0时的参数值到底是多少，需要根据现役输弹系统样本和大量的经验才能获取。这里，上下界标准的制定有以下几个根据。

（1）我们做的几百次设计方案的输出结构。

（2）国内外多种输弹系统的数值拟定上下限。

（3）从一种发展的角度来讲，输弹系统总体性能的评价应当控制在中等水平。

（4）多位从事自行火炮研究、教学的专家教授的经验。

各隶属度函数形式表达如下。

卡膛速度：

$$\mu(x) = \begin{cases} 0 & , \quad x \leqslant 3 \\ \dfrac{x-3}{3.5-3} & , \quad 3 < x < 3.5 \\ 1 & , \quad x \geqslant 3.5 \end{cases} \qquad (8-12)$$

推弹力：

$$\mu(x) = \begin{cases} 1 & , \quad x = 420 \\ \dfrac{473-x}{473-420} & , \quad 420 < x \leqslant 473 \\ 0 & , \quad x > 473 \end{cases} \qquad (8-13)$$

弹丸垂向跳高：

$$\mu(x) = \begin{cases} 1 & , \quad x = 0 \\ \dfrac{10-x}{10-0} & , \quad 0 < x \leqslant 10 \\ 0 & , \quad x > 10 \end{cases} \qquad (8-14)$$

权重系数的确定是综合评判方法中比较重要的一个环节，只有利用科学的方法得到合理的权重系数，最后的评估结果才是可信的，否则评判结果可能会出现较大的误差，甚至错误。这里介绍另一种相对应用比较广泛的方法——层次分析法（Analytic of Hierarchy Process，AHP）。

作为决策思维的一种方式，AHP 把一个复杂问题表示为有序的递阶层次结构，通过人们的判断对决策方案的好坏进行排序。该方法是定性分析与定量分析相结合的多目标决策分析方法，把数学处理与人的经验和主观判断相结合，能够有效地分析目标准则体系层次间的非序列关系，具有实用性、系统性、简洁性等优点。具体实施步骤如下。

（1）构造判断矩阵。由相关专家通过对影响因素在某种属性下重要程度的两两比较，按照标度法规定的取值方法，得到判断矩阵。所谓标度法，就是用 1~9 之间的数分别表示任意两个决策因素的相关重要度，从 1 到 9 相对重要度依次增强。构造判断矩阵时，从层次结构模型的第二层开始，对从属于上一层每个因素的同一层诸因素进行比较，依照标度法规定的方法确定判断矩阵，直到最下层。判断矩阵的形式如式（8-15）。

$$\boldsymbol{a}_K = \begin{bmatrix} 1 & a_{12}^K & \cdots & a_{1n}^K \\ \dfrac{1}{a_{12}^K} & 1 & \cdots & a_{2n}^K \\ \vdots & \vdots & \ddots & \vdots \\ \dfrac{1}{a_{1n}^K} & \dfrac{1}{a_{2n}^K} & \cdots & 1 \end{bmatrix} \qquad (8-15)$$

其中，a_{ij}^K 表示在 K 属性下，第 i 个因素对第 j 个因素的相对重要程度。

（2）构造权向量。求得判断矩阵 $\boldsymbol{a}_K$ 每行元素之积 p_i^K，再对其 n 次方根，得到 ω_i^K，其数学表达式表示为式（8-16）。

$$\omega_i^K = (p_i^K)^{\frac{1}{n}} \qquad (8-16)$$

然后对 ω_i^K 进行正规化处理：

$$e_i^K = \omega_i^K \Big/ \sum_{i=1}^n \omega_i^K \qquad (8-17)$$

则可构造权向量 $\boldsymbol{A}^K$，由式（8-18）给出：

$$\boldsymbol{A}^K = [e_1^K, e_2^K, \cdots, e_n^K]^{\mathrm{T}} \qquad (8-18)$$

（3）一致性检验。一致性检验是评价判断矩阵构造合理性及是否反映实际情况的标准。实际操作时，引入变量一致性比率 CR 来检验一致性，当 $CR < 0.01$ 时，判断矩阵具有一致性，否则要重新调整判断矩阵中元素的取值，直至满足一致性条件为止。CR 可以用式（8-19）来表示：

$$CR = \frac{CI}{RI} = \frac{\lambda_{\max} - n}{RI(n-1)} \qquad (8-19)$$

其中，$\lambda_{\max}$ 为判断矩阵的最大特征根，CI 为偏离度，RI 为随机一致性指标，由试验得出，其值随判断矩阵阶数的不同而不同，如表8-3所示。

表8-3　随机一致性指标

阶数	1	2	3	4	5	6	7	8
RI	0.00	0.00	0.58	0.90	1.12	1.24	1.32	1.41

设 a_k（$k=1$，2，3）分别为三项子性能对输弹性能影响的权重系数，结合层次分析法，采用 9 标度对 3 个子性能对输弹性能的影响程度专家打分。

首先构造判断矩阵，得

$$\boldsymbol{a}_3 = \begin{bmatrix} 1 & 5/4 & 2 \\ 4/5 & 1 & 3/2 \\ 1/2 & 2/3 & 1 \end{bmatrix} \tag{8-20}$$

根据上面的算法可求得 3 个子性能对输弹性能的影响权重系数为 0.462 2，0.301 6，0.236 2。

设进行网络训练：卡膛速度、推弹力与稳定性能对应的底层参数的映射过程为

$$(\boldsymbol{A}(5)) \xrightarrow{f_A} (y_{11}, y_{12}, y_{13}, y_{14}, y_{15}, y_{21}, y_{22}, y_{23}, y_{24}, y_{25}, y_{31}, y_{32}, y_{33}, y_{34}, y_{35})$$

$$\tag{8-21}$$

其中，$(\boldsymbol{A}(5))$ 代表 5 个参数的输入向量；y_{11}，y_{12}，y_{13}，y_{14}，y_{15} 表示与卡膛速度对应的 5 个参数值；y_{21}，y_{22}，y_{23}，y_{24}，y_{25} 表示与推弹力对应的 5 个参数值，y_{31}，y_{32}，y_{33}，y_{34}，y_{35} 表示与弹丸垂向跳高对应的 5 个参数值。

通过隶属度归一化有

$$(y_{11}, y_{12}, y_{13}, y_{14}, y_{15}, y_{21}, y_{22}, y_{23}, y_{24}, y_{25}, y_{31}, y_{32}, y_{33}, y_{34}, y_{35}) \xrightarrow{U_{1,2,3}}$$

$$(\mu_{11}, \mu_{12}, \mu_{13}, \mu_{14}, \mu_{15}, \mu_{21}, \mu_{22}, \mu_{23}, \mu_{24}, \mu_{25}, \mu_{31}, \mu_{32}, \mu_{33}, \mu_{34}, \mu_{35})$$

$$\tag{8-22}$$

则有：

卡膛速度：

$$\mu_1 = \sum_{i=1}^{4} \mu_{1i}$$

推弹力：

$$\mu_2 = \sum_{i=1}^{4} \mu_{2i}$$

弹丸垂向跳高：

$$\mu_3 = \sum_{i=1}^{4} \mu_{3i}$$

在各个指标经隶属度归一化后，得到一个综合的目标函数：

$$Y = \sum_{i=1}^{3} a_i \cdot \mu_i \qquad (8-23)$$

其中，$a_i(i=1,2,3)$ 为各优化目标的权重。

8.3　基于正交设计法建立样本库

神经网络训练的样本，必须能够全面反映参数的变化规律。各参数的任意取值进行排列组合作为样本显然不行，因此必须寻找一种恰当的取样方法，以便能以较少的样本数量及其组合反映全局的变化规律。为此，采用正交设计法选取样本参数，这样既可以大大减少仿真试验次数，又能兼顾全面性与可操作性。

正交试验设计是用于多因素试验的一种设计方法，它是根据正交性从全面试验中挑选出部分有代表的点进行试验，这些有代表性的点具备了"均匀分散，齐整可比"的特点。它是一种高效率、快速、经济的试验设计方法。正交设计法只选择了部分网格点的数值，因此计算量大大地减少了，但所计算的网格点在整个区间内均匀分布，具有很好的代表性，它们以相当高的可信度代表了全部网格点的计算效果。这一点在实践中得到充分的证明。统计学家将正交设计通过一系列的表格来实现，每个表有一个代号 $L_n(q^m)$，其含义为：L 表示正交表，n 表示试验总数，q 表示因素的水平，m 为正交表的列数，这些表叫作正交表。如表 8-4 就是正交表，并记作 $L_9(3^4)$，这里"9"表示总共要做 9 次试验，"3"表示每个因素有 3 个水平，"4"表示 4 列，可以安排 3 个因素。

如果用 $L_9(3^4)$ 来安排正交试验，试验次数为 9，而 3 因素 3 水平的全因子试验次数为 $3^3 = 27$ 次。图 8-1 中图（a）为全因子试验的分布，图

（b）是采用正交表 $L_9(3^4)$ 的前三列来安排试验的分布情况。

表 8-4　L_9（3^4）正交表

编号	1	2	3
1	1	1	1
2	1	2	2
3	1	3	3
4	2	1	2
5	2	2	3
6	2	3	1
7	3	1	3
8	3	2	1
9	3	3	2

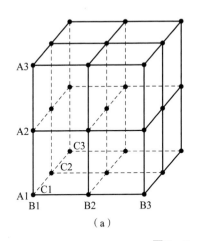 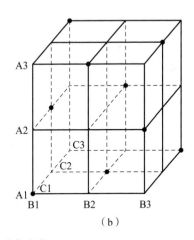

图 8-1　试验点分布

（a）全因子；（b）正交试验

从图 8-1 中可以看出：正交设计的 9 个试验点均匀地分布于整个长方体内，在长方体的每一个试验点都有很强的代表性，能够比较全面地反映试验域内的大致情况。因此本书选用正交设计来建立仿真输入的样本库。

根据有关专家的建议，正交设计试验中的因素与水平如表 8 – 5 所示。为此，可以构造出 $L_{25}(5^6)$ 的正交表，其中，"25"表示 25 行，即做 25 次试验；"6"表示共有 6 列，5 个因素（变量个数）；"5"表示试验时各因素只取 5 个水平。根据数学组合理论，如果要做完全部试验，需要做 1 925 次，而采用正交优化表只需做 25 次试验，大大减少了工作量。

表 8 – 5   因素与水平分布表

因素	水平				
	1	2	3	4	5
挡弹板下弹簧的刚度/(N·mm⁻¹)	7	7.25	7.5	7.75	8
弹丸质心的上下偏心量/mm	– 5	– 2.5	0	2.5	5
挡弹板与弹丸的接触刚度/(N·mm⁻¹)	90 000	95 000	100 000	105 000	110 000
伸管尾部的倒角/mm	0	1	2	3	4
弹丸与炮膛的摩擦系数	0.2	0.21	0.22	0.23	0.24

运用相对灵敏度选出的优化参数作为正交表的因素和水平的分布表，本书选用 $L_{25}(5^6)$ 正交表（即 5 水平 5 因素）建立输入样本方案如表 8 – 6 所示，然后根据样本输入进行仿真和计算，建立输出样本（以 30°射角为例），由输入样本和输出样本共同来建立样本库，供神经网络进行学习和训练。

表 8 – 6   仿真试验方案

次数	参数				
	挡弹板下弹簧的刚度/(N·mm⁻¹)	弹丸质心的上下偏心量/mm	挡弹板与弹丸的接触刚度/(N·mm⁻¹)	伸管尾部的倒角/mm	弹丸与炮膛的摩擦系数
1	7	– 5	90 000	0	0.2
2	7	– 2.5	95 000	1	0.21
3	7	0	100 000	2	0.22

续表

次数	参数				
	挡弹板下弹簧的刚度/(N·mm^{-1})	弹丸质心的上下偏心量/mm	挡弹板与弹丸的接触刚度/(N·mm^{-1})	伸管尾部的倒角/mm	弹丸与炮膛的摩擦系数
4	7	2.5	105 000	3	0.23
5	7	5	110 000	4	0.24
6	7.25	−5	95 000	2	0.23
7	7.25	−2.5	100 000	3	0.24
8	7.25	0	105 000	4	0.2
9	7.25	2.5	110 000	0	0.21
10	7.25	5	90 000	1	0.22
11	7.5	−5	100 000	4	0.21
12	7.5	−2.5	105 000	0	0.22
13	7.5	0	110 000	1	0.23
14	7.5	2.5	90 000	2	0.24
15	7.5	5	95 000	3	0.2
16	7.75	−5	105 000	1	0.24
17	7.75	−2.5	110 000	2	0.2
18	7.75	0	90 000	3	0.21
19	7.75	2.5	95 000	4	0.22
20	7.75	5	100 000	0	0.23
21	8	−5	110 000	3	0.22
22	8	−2.5	90 000	4	0.23
23	8	0	95 000	0	0.24
24	8	2.5	100 000	1	0.2
25	8	5	105 000	2	0.21

8.4 人工神经网络学习和训练

8.4.1 人工神经网络理论方法

人工神经网络是一个非线性的动力学系统，具有很强的容错性和鲁棒性，联想、综合、延伸是它的优势所在。它是由大量处理单元广泛互连而成的复杂网络，具有高度的非线性，它可以模拟大脑的许多基本功能和简单的思维方式，进行复杂的逻辑操作和非线性关系的实现。一个基础的神经元模型有三个基本要素：连接权、求和单元、激活函数。BP 神经网络即误差反向传播神经网络是当前采用最多也比较有效的人工神经网络模型，80%~90% 的实际应用都是采用该网络或它的变化形式。它具有自组织、自学习和联想记忆功能，能够逼近任意复杂的非线性函数。其基本处理单元为非线性的输入 – 输出关系，一般选用对数 S 型作用函数 $f(x) = 1/(1 + e^{-x})$，此外还有双曲正切 S 型传递函数、线性传递函数。

BP 网络是单向传播的网络，除了输出节点外，有一层或多层隐层节点，同层节点中没有耦合。输入信号由输入层节点依次传过各隐层节点，最后传到输出层节点，每一层节点的输出只影响下一层节点的输出。图 8 – 2 为含有一个隐含层的 BP 网络的结构图。

图 8 – 2 中 x_1，$x_2\cdots$，x_m 为网络的输入；y_1，$y_2\cdots y_p$ 为网络的输出；ω_{ij} 和 T_{jl} 分别为输入节点与隐含层之间和隐含层与输出层的权值；隐含层的节点和输出层节点中还有一个初始值，即为网络的阈值。

BP 模型具有很强的信息处理能力，这是由其可实现隐层单元的学习来保证的。输入层通过传递函数和初始权重进入隐含层，经隐含层逐个处理后传递到输出层单元，输出响应与既定目标有误差，就转入误差反向传

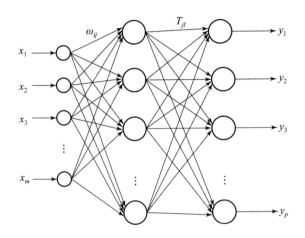

图 8 – 2　含有一个隐含层的 BP 网络的结构图

播，将误差值沿着连接通路逐层传送并修正各层连接权重，然后再正向处理。如此循环，当输出误差与既定目标的误差满足设置要求时，训练结束，得到各层的权值及阈值。

本书所述的输弹系统具有庞大复杂的机械结构，各分系统、各部件之间串并联关系错综复杂，相互配合、共同影响输弹系统性能。输弹系统结构参数与输弹系统动态性能之间没有明确的函数表示，因此，对于输弹系统的优化设计则应当考虑采用神经网络技术。

8.4.2　映射关系求解

利用 MATLAB 工具中的神经网络工具箱对仿真试验形成的样本库进行训练，求解映射过程。需要注意的是，由于各参数数值在量纲上相差较大，为了提高训练的准确性，将各个参数的范围都界定在 0 ~ 1 之间，这对求解映射过程没有影响，使用训练好的网络时先将设计方案按照界定标准界定在 0 ~ 1 之间即可。

在建立神经网络时，采用一个中间层的网络，输入层为 5 个单元，中间层为 4 个神经元，输出层为 3 个神经元。传递函数分别采用 tansig 函数

和纯线性函数，即

net＝newff（［5 个参数的下限；5 个参数的上限］，［4，3］，｛'tansig','purelin'｝）；

对前面由仿真试验形成的 25 个样本进行训练，即

net＝train（net，输入样本 P，输出样本 T)

如图 8 - 3 所示，从得到网络训练过程的误差记录看出，当进行到 200 次迭代时，网络误差是 0. 000 413 321，网络是收敛的，经过更多次的迭代，会进一步地减小误差。另外，可以通过增加试验的样本量，使得网络训练的效果更真实地反映输入与输出之间的映射过程。

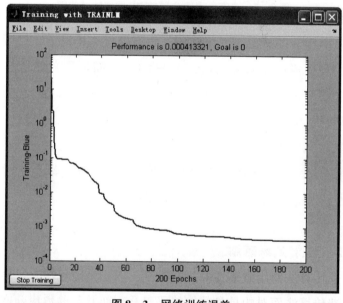

图 8 - 3　网络训练误差

网络训练完成后，将输入信息进行验证，如将某一个样本代入已经训练好的网络中，即

$$Y = sim(net, P)$$

发现结果与既定的仿真试验比较吻合，说明该网络比较好地反映了输入 - 输出之间的映射过程。

通过网络对样本的训练和学习，寻找非线性映射关系，可以脱离虚拟样机的仿真，直接建立设计参数与优化目标的联系，极大地提高了输弹系统设计方案的优化的效率。

8.5　输弹系统优化

8.5.1　遗传算法

遗传算法是一种概率搜索算法。其基本思想是采用某种编码技术将待解决的问题转化为染色体的二进制数串，然后模拟由这些串组成的群体的进化过程。通过遗传算子如复制算子、变异算子和杂交算子有组织地、随机地信息交换来重新组合那些适应性好的串，实现父代向子代的进化。与一般算法相比，遗传算法更适合优化复杂的非线性问题。

遗传算法不同于传统寻优算法的特点如下。

（1）遗传算法在寻优过程中，仅需要得到适应度函数的值作为寻优的依据，适应度函数的计算相对于寻优过程是独立的。

（2）遗传算法的优化搜索是从问题解的集合（种群）开始的，而不是从单个解开始，从群集开始搜索，覆盖面大，利于全局择优。

（3）遗传算法使用概率性的变换规则，而不是确定性的变换规则。

（4）遗传算法面对的是参数的编码集合，而并非参数集合本身，使用特定问题的信息少，通用性强。

（5）遗传算法有极强的容错能力，适用于处理传统优化算法难于解决的复杂和非线性问题。

（6）遗传算法具有隐含的并行性。

1967 年，J. D. Bagley 首次提出遗传算法的概念，经过几十年的发展，目前已出现了许多改进型的遗传算法。其基础的理论研究工作在染色体的编码形式、适应度函数的设置、交叉变异的方式、收敛、并行处理等方面都有了长足的进步，现在将遗传算法与其他理论或技术结合在一起，也是一个发展趋势，如遗传算法与神经网络结合在一起的论文就有不少。此外，有人将遗传算法和模糊逻辑理论结合在一起形成了模糊遗传算法。在实践应用方面，遗传算法几乎渗透到工业领域的各个方面，如工程控制领域、工程设计领域等；在计算机工程、生物领域等；也产生了大量的研究成果。

遗传算法进行优化设计分以下四步。

（1）参数初始化。其包括适应度函数、种群大小、编码方式和精度、染色体长度、选择函数（适应度函数）、交叉函数及其概率 p_c、变异函数及其概率 p_m、遗传最大世代数 G_{max} 等，并设定收敛准则。

（2）种群初始化。由计算机随机产生种群，构成第一代个体。

（3）种群遗传（选择、交叉、变异）循环，直至达到优化目标为止。

（4）优化后处理。

8.5.2 设计方案优化与验证

随机生成所有设计参数各自范围内的 100 个数据，考虑到各个参数数值的数量级不一，直接进行优化误差将非常大，为了提高精度，对每个参数都制定一个标准值，所有数据进行一个预处理，使各个参数的所有值都控制在 0~1 范围内，待优化完毕后再还原各参数的具体值。本书采用二进制编码，组成 100 条染色体。

计算适应度：适应度函数表明个体或解的优劣性。个体适应度越大，性能越好。目标函数输弹系统动态性能综合指数 Y 为极大值问题，其适应度函数可定为

$$f(x) = \begin{cases} C_{min} + u(x), & \text{当 } C_{min} + u(x) > 0 \\ 0, & \text{其他情况} \end{cases} \tag{8-24}$$

优化手段：将适应度函数较好的 20% 染色体存优复制到下一代中，对适应度函数较差的进行变异，设置变异率为 0.01。各参数约束范围的控制：在交叉、变异操作中，对于溢出各变量约束范围的染色体进行剔除。

每代始终保证 100 条染色体，进行多次迭代，寻找最佳设计方案。经过 100 次的遗传迭代，表 8 - 7 为最优解即最优的结构参数。

表 8 - 7　遗传算法优化方案

结构参数	初值	下限	上限	优化值
挡弹板下弹簧的刚度/(N·mm⁻¹)	7.63	7	8	7.89
弹丸质心的上下偏心量/mm	0	-5	5	-1.32
挡弹板与弹丸的接触刚度/(N·mm⁻¹)	100 000	90 000	110 000	105 684
伸管尾部的倒角/mm	0	0	4	3.24
弹丸与炮膛的摩擦系数	0.22	0.2	0.24	0.20

将遗传优化算法获得的结构参数优化值输入虚拟样机模型中进行仿真，仿真结果如表 8 - 8 所示。表 8 - 8 列出了各性能指标的初始值、优化值和验证值。在求得的各指标值的基础上，对输弹系统的性能进行综合评判，遗传算法得到的结果为 0.732 1；通过虚拟样机仿真，验证目标函数的值为 0.728 8，相对误差为 0.45%，在原来的 0.536 6 的基础上有了非常大的改进，可见优化的效果比较明显，达到了预期的目的。

表 8 - 8　仿真结果

性能指标	初始值	优化值	验证值	相对误差
卡膛速度/(m·s⁻¹)	3.26	3.37	3.35	0.6%
推弹力/N	451	437	434	0.69%
弹丸垂向跳高/mm	5.34	2.16	2.24	3.57%
目标函数	0.536 6	0.732 1	0.728 8	0.45%

8.5.3 优化结果分析

本章以输弹系统为研究对象,将正交设计法、人工神经网络方法和遗传算法综合应用于输弹系统的结构参数优化中,得出研究结论。

(1)由于正交试验方案确定的数据均匀分散、取值合理,作为神经网络的训练样本可以得到较为满意的仿真结果。

(2)由于 BP 神经网络学习和训练的结果在很大程度上依赖于网络的结构,如输入输出的节点数、隐层数以及隐层的节点数等,一般要通过反复试算来确定;而且由于输入层和隐层的权值和偏置都是在 [0,1] 范围内随机获取,为避免陷入局部最小,应通过多次训练,综合比较各网络的误差和泛化能力,进而确定网络结构。

(3)将神经网络与遗传算法结合起来,能够实现全局优化。

8.6 本章小结

本章针对多个结构参数因不同量纲无法比较影响显著程度的局限性,引入相对灵敏度分析方法,研究了结构参数影响输弹性能的显著性。采用正交设计法安排试验,基于仿真法建立了输弹性能指标数据样本对;并运用人工神经网络对样本对进行了学习和训练,获得了结构参数和性能指标之间的非线性映射关系;为避免局部最优,引用遗传算法对结构参数进行优化,获得了输弹性能最佳时的结构设计参数。

参 考 文 献

[1] 陈奇妙. 美国可靠性强化试验技术发展点评 [J]. 国外质量与可靠性, 1998 (4): 44 - 47.

[2] 赵艳涛. 可靠性强化试验在某产品上的应用 [J]. 环境适应性和可靠性, 2009 (3): 24 - 27.

[3] 蒋培, 陈循, 张春华, 等. 可靠性强化试验技术综述 [J]. 强度与环境, 2003, 30 (1): 58 - 64.

[4] 王瑞新. 帕拉丁战神 美国 M109 自行榴弹炮家族 [J]. 现代兵器, 2009 (2): 41 - 46.

[5] 曹玉芬. AS90 "勇敢之心" 155 mm 自行榴弹炮 [J]. 国外坦克, 2002 (3): 16 - 22.

[6] 马健, 慧邢, 潘宏侠. 某大口径自行炮选弹器系统运动学计算 [J]. 华北工学院学报, 1998, 19 (2): 127 - 132.

[7] 樊永生, 余红英, 潘宏侠. 某自行火炮自动装填系统供弹机运动学分

析 [J]. 华北工学院学报, 1999, 20 (3): 269 - 273.

[8] 侯保林. 155 mm 自行火炮弹药装填系统理论研究 [D]. 南京: 南京理工大学, 2003.

[9] 侯保林, 樵军谋, 韩宏潮. 一重载高速机械臂的结构与控制同时设计 [J]. 机械设计, 2004, 21 (1): 20 - 22.

[10] 侯保林, 马建伟. 链式自动化弹仓的最优保性能控制算法 [J]. 兵工学报, 2009, 30 (9): 1164 - 1169.

[11] 石明全. 某火炮自动供输弹系统和全炮耦合的发射动力学研究 [D]. 南京: 南京理工大学, 2003.

[12] 马宏彬. 智能供弹臂控制系统的研究 [D]. 南京: 南京理工大学, 2003.

[13] 钟险峰. 自行火炮供药机控制及开闩机构的动力学分析 [D]. 南京: 南京理工大学, 2003.

[14] 李继科. 火炮供输弹系统虚拟样机技术研究 [D]. 南京: 南京理工大学, 2004.

[15] 李宗海. 中大口径双管火炮自动装填系统方案研究 [D]. 南京: 南京理工大学, 2009.

[16] 郑建辉, 王卫. 某火炮自动装填系统专用试验装置的功能结构分析 [J]. 火炮发射与控制学报, 2006 (4): 42 - 45.

[17] 丁宏民, 翟少波, 杨晨晖. 某大口径火炮装填过程弹带磕碰问题研究 [J]. 火炮发射与控制学报, 2007 (4): 17 - 19.

[18] 吴护鹏, 卢婷, 张太平. 某自动机供输弹机构动作协调性分析 [J]. 火炮发射与控制学报, 2007 (3): 26 - 28.

[19] 刘琮敏, 李涛, 郑海鹏, 等. 多路位置控制在大口径自行火炮弹药自动装填系统上的实现 [J]. 火炮发射与控制学报, 2008 (2): 32 - 34, 41.

[20] 唐湘燕, 陈效华. 基于神经网络的火炮自动供输弹装置故障预测

　　　　［J］. 火炮发射与控制学报，2007（1）：54－58.

［21］ 赵森，钱勇. 自行火炮半自动装填机构输弹问题研究［J］. 兵工学报，2005，26（5）：592－594.

［22］ 毛保全，吴东亚. 顶置坦克炮自动装弹系统初探［J］. 装甲兵工程学院学报，2004，18（3）：38－41.

［23］ 徐达，林海，王东军. 大口径顶置火炮输弹机动力学研究［J］. 装甲兵工程学院学报，2006，20（1）：34－36.

［24］ 徐达，王中盛，刘广洋. 基于串并联结构的弹药装填机器人设计［J］. 装甲兵工程学院学报，2008，22（5）：45－50.

［25］ 靳猛. 大口径舰炮供弹系统仿真技术研究［D］. 哈尔滨：哈尔滨工程大学，2002.

［26］ 葛杨，胡胜海，张家泰. 新型供弹系统并行时序设计研究［J］. 哈尔滨工程大学学报，2004，25（5）：587－591.

［27］ 罗阿妮. 大中口径舰炮敏捷供弹系统设计及虚拟样机研究［D］. 哈尔滨：哈尔滨工程大学，2006.

［28］ 洪嘉振. 计算多体系统动力学［M］. 北京：高等教育出版社，1999.

［29］ MAGNUS K. Dynamics of multi－body system［A］. Berlin：Springer－Verlag，1978.

［30］ HAUG E J. Computer－aided analysis and optimization of mechanical system dynamics［A］. Berlin：Springer－Verlag，1985.

［31］ BIANCHI G，SCHIEHLEN W. Dynamics of multi－body system［A］. Berlin：Springer－Verlag，1985.

［32］ SCHIELEN W. Multibody system handbook［A］. Berlin：Springer－Verlag，1990.

［33］ HUSTON R. L. Multi－body dynamics－modeling and analysis methods［J］. Applied mechanics review，1996，2（12）：35－40.

［34］ KORTUM W，SCHIEHLEN W. General purpose vehicle system dynamics software based on multibody formalisms [J]. Vehicle system dynamics, 1985, 14 (4-6): 229-263.

[35] OTTER M, HOCKE M, DABERKOW A, et al. An object oriented data model for multibody systems [J]. Advanced multibody system dynamics - simulation and software tools, 1993, 21 (5): 87-106.

[36] OTTER M, ELMQVIST H, CELLIER F E. Modeling of multi - body systems with the object - oriented modeling language Dymola [J]. Nonlinear dynamics, 1996, 9 (1): 91-112.

[37] LIKINS P W. Finite element appendage equations for hybrid coordinate dynamic analysis [J]. Journal of solid&structures, 1972 (8): 709-731.

[38] ZAHARIEV E. Relative finite element coordinates in multibody system simulation [J]. Multibody system dynamics, 2002, 7 (1): 51-77.

[39] VERHOEF T, NOOMEN R. Satellite decay computation and impact point prediction [J]. Advances in space research, 2002, 30 (2): 313-319.

[40] TALON C, CURNIRE A. A model of adhesion coupled to contact and friction [J]. European journal of mechanics A. solids, 2003 (22): 545-565.

[41] 李海阳, 吴德隆, 等. 机动武器系统的含间隙动力学研究——上篇: 含摩擦碰撞模型 [J]. 兵工学报, 2002, 23 (2): 145-149.

[42] 阎绍泽, 贾书惠, 吴德隆, 等. 含间隙的变拓扑多体系统动力学建模分析 [J]. 中国机械工程, 2000, 11 (6): 624-626.

[43] 李海阳, 吴德隆, 等. 机动武器系统的含间隙动力学研究——中篇: 间隙铰模型 [J]. 兵工学报, 2002, 23 (3): 289-293.

[44] AARTS R G K M, JONKER J B. Dynamics simulation of planar flexible link manipulators using adaptive modal integration [J]. Multibody system dynamics, 2002 (7): 31-50.

[45] 李海阳，吴德隆，等. 机动武器系统的含间隙动力学研究——下篇：系统仿真 [J]. 兵工学报，2002，23（4）：433 – 437.

[46] 休斯敦，刘又午. 多体系统动力学 [M]. 天津：天津大学出版社，1987.

[47] CHACE M A，ANGELL J C. User's guide to DRAM（dynamic response of articulated machinery）[Z]. 1973.

[48] ORLANDEA N，WILEY J C，WEHAGE R. ADAMS 2：a sparse matrix approach to the dynamic simulation of two – dimensional system [C]// 29th Annual Earthmoving Industry Conference，1978.

[49] BAE D S，HAUG E J. A Recursive formulation for constrained mechanical systems，part Ⅲ – parallel processor implementation [J]. Mechanics of structures and machines，1988，16（2）：249 – 269.

[50] 刘贤喜. 机械系统虚拟样机仿真软件的实用化研究 [D]. 北京：中国农业大学，2001.

[51] 潘东升，陈松茂，丘宏扬，等. 液压仿真技术的现状及发展趋势 [J]. 新技术新工艺，2005（4）：7 – 10.

[52] AVL. Hydsim reference manual [Z]. 2003.

[53] 刘国昌，赵红波，曾庆良，等. 基于 HOPSAN 的液压系统仿真与应用 [J]. 机床与液压，2006（11）：198 – 200.

[54] 李庆. LMS Imagine. Lab AMESim 第 9 版新功能、新改进 [J]. CAD/CAM 与制造业信息化，2010（2 – 3）：48 – 52.

[55] MSC Software 公司. MSC. EASY5 系统与控制虚拟产品开发解决方案 [J]. CAD/CAM 与制造业信息化，2004（8）：54 – 55.

[56] 张康智，刘凌. 液压系统仿真软件研究 [J]. 煤矿机械，2009，30（3）：10 – 12.

[57] 沈剑，董金祥. HyCAD：一个基于结构化变分几何的变参设计系统 [J]. 计算机学报，1996，19（2）：89 – 95.

[58] 王勇, 李从心. 复杂液压系统智能仿真研究 [J]. 华中理工大学学报, 1997, 25 (5): 40 - 42.

[59] WANG S X, HE B Y, YUN J T. Study on the mechanism - action reliability of a satellite solar - array [C]//5th International Conference on Frontiers of Design and Manufacturing. Dalian, China, 2002: 529 - 532.

[60] 张春华, 温熙森, 陈循, 等. 可靠性强化试验理论与应用 [M]. 北京: 科学出版社, 2007.

[61] BAI D S, CHUNG S W. Optimum design of partially accelerated life tests for the exponential distribution under type - 1 censoring [J]. IEEE transactions on reliability, 1992, 41 (3): 400 - 406.

[62] HOBBS G K. Accelerated reliability engineering: HALT and HASS [M]. San Francisco: John Wiley and Sons Inc. , 2000.

[63] HOBBS G K. Highly accelerated stress screens - HASS [C] // Proceedings - IES, 1992.

[64] AZZANO L, GAY D, PASUMAMULA A. A practical approach to equipment reliability enhancement [C]//IEEE/SEMI Advanced Semiconductor Manufacturing Conference, 1995: 230 - 233.

[65] BEURTEY X. Reliability prediction on ariane 5 pyrotechnical devices using the hardened test method [C]//Proceedings of Probabilistic Safety Assessment and Management, ISTP, 1997: 1687 - 1695.

[66] DIETRICH D L, MAZZUCHI T A. An alternative method of analyzing multi - stress, multi - level life and accelerated life tests [C]// Proceedings of Annual Reliability and Maintainability Symposium, IEEE Society, 1996: 90 - 96.

[67] GUSCIORA R H. The use of HALT to improve computer reliability for point - of - sale equipment [C]//Proceedings of Annual Reliability and Maintainability Symposium, 1998: 89 - 93.

[68] METTAS A，VASSILIOU P. Application of quantitative accelerated life models on load sharing redundancy ［C］//2004 Proceedings Annual Reliability and Maintainability Symposium，Los Angeles，California，USA，2004：347 - 351.

[69] NELSON W. Accelerated testing：statistical models，test plan，and data analyses ［M］. San Francisco：John Wiley and Sons Inc，1990.

[70] RAHE D. The HASS development process ［C］//Proceedings of Annual Reliability and Maintainability Symposium，2000：389 - 394.

[71] ROBERT W D，EDWARD O M. Reliability enhancement testing（RET）［C］//Proceedings of Annual Reliability and Maintainability Symposium，1994：91 - 98.

[72] CHUKOVA S, HAYAKAWA Y. Warranty cost analysis：renewing warranty with non - zero repair time ［J］. International journal of reliability，quality and safety engineering，2004，11（2）：93 - 112.

[73] 邓宁华. 风速风向对墙体表面换热系数影响的试验研究 ［D］. 长沙：湖南大学，2001.

[74] 李果. 可靠性试验中温度步进试验设备的探讨 ［J］. 质量与可靠性，2011（2）：38 - 41.

[75] 王宏，陈晓. 可靠性强化试验及其在雷达研制生产中的应用 ［J］. 现代雷达，2008，30（4）：26 - 32.

[76] 褚卫华，陶俊勇，陈循. 步进应力试验在提高某液晶显示器可靠性中的应用 ［J］. 强度与环境，2003，30（1）：55 - 60.

[77] 褚卫华. 模块级电子产品可靠性强化试验方法研究 ［D］. 长沙：中国人民解放军国防科技大学，2003.

[78] 姚金勇，姜同敏. 基于 ARM 的嵌入式系统的可靠性强化试验定量分析评估 ［J］. 航空学报，2006（5）：830 - 834.

[79] 易难，吴凤凤. 某型电源装置可靠性强化试验条件与方案研究 ［J］.

电子产品可靠性与环境试验, 2008, 26 (1): 41 - 44.

[80] 荣吉利, 张涛. 航天火工机构可靠性的强化试验验证方法 [J]. 宇航学报, 2009, 30 (6): 2426 - 2430.

[81] 朱建华. HALT 试验技术的研究 [J]. 环境适应性和可靠性, 2009 (2): 31 - 34.

[82] 程东升, 李兴林, 张仰平, 等. 带座外球面球轴承寿命强化试验 [J]. 轴承, 2007 (5): 27 - 28.

[83] 张仰平, 卓继志, 李兴林, 等. ABLT - 7 型带座外球面轴承寿命及可靠性强化试验机 [J]. 轴承, 2009 (12): 48 - 50.

[84] 曹茂来, 刘新春, 李兴林, 等. ABLT - 6 型维权旋转轴承寿命强化试验机的研制 [J]. 轴承, 2009 (1): 50 - 52.

[85] 姚江伟. 旋转机械永磁轴承的失效模式与加速寿命试验研究 [D]. 天津: 天津大学, 2004.

[86] 吴艳, 易晓山, 廖世佳, 等. 模糊控制在可靠性强化试验设备中的应用研究 [J]. 机电工程, 2008, 25 (3): 43 - 45.

[87] 蒋培, 董理, 张春华, 等. 多轴同步载荷的疲劳强化效能探讨 [J]. 机械科学与技术, 2006, 25 (3): 340 - 341.

[88] 吴大林. 履带式自行火炮强化行驶试验仿真技术研究 [D]. 石家庄: 解放军军械工程学院, 2008.

[89] DUGAN J B, BAVUSO S J, BOYD M A. Dynamic fault tree model for fault - tolerant computer system [J]. IEEE transactions on reliability, 1992, 41 (3): 363 - 377.

[90] DUGAN J B, SULLIVAN K J, COPPIT D. Developing a low - cost high - quality software tool for dynamic fault - tree analysis [J]. IEEE transactions on reliability, 2000, 49 (1): 49 - 59.

[91] YAO Y P, YANG X J, LI P Q. Dynamic fault tree analysis for fault - tolerant computer system [C]//AIAA/IEEE Proceedings of 15th DASC

（Digital Avionics Systems Conference），Atlanta：AIAA/IEEE，1996：479 - 484.

[92] 王阳阳，张代胜，孙海涛. FMEA 和 FTA 综合分析法在汽车故障诊断和维修中的应用 [J]. 汽车科技，2004，9（5）：47 - 48.

[93] PRICE C J，TAYLOR N S. FMEA for multiple failures [C]//Reliability and Maintainability Symposium，1998.

[94] CHILDS J A，MOSLEH A. A modified FMEA tool for use in identifying and addressing common cause failure risks in industry [C]//Reliability and Maintainability Symposium，1999.

[95] BLUVBAND Z，GRABOV P，NAKAR O. Expanded FMEA（EFMER）[C]//Reliability and Maintainability Symposium，2004.

[96] DEV K. Optimization for engineering design：algorithms and examples [M]. New Delhi：Prentice - Hall，1995.

[97] GUTIERREZ C I. Integration analysis of product architecture to support effective team co - location [M]. Cambridge：Massachusetts Institute of Technology，1998.

[98] 玄光男，程润伟. 遗传算法与工程优化 [M]. 北京：清华大学出版社，2004：41 - 42.

[99] HOLLAND J H. Adaptation in nature and artificial system [M]. Ann Arbor，MI：University of Michigan Press，1975.

[100] 李祥飞，陈建国. 混沌控制及其优化应用 [M]. 长沙：国防科技大学出版社，2002：156 - 181.

[101] CHEN Z Y. Random trials used in determining global minimum factor of safety [J]. Canadian geotechnical journal，1992，29（1）：225 - 233.

[102] 丁宏民，翟少波，杨晨晖. 某大口径火炮装填过程弹带碰撞问题研究 [J]. 火炮发射与控制学报，2007（4）：17 - 19.

[103] SURESH P V，BABAR A K，RAJ V V. Uncertainty in FTA：a fuzzy

approach ［J］. Fuzzy sets and systems, 1996, 83 (2)：135 – 141.

［104］冯阳. 故障树分析和模糊理论在柴油机故障诊断中的应用 ［D］. 北京：北京理工大学, 2008.

［105］陆廷孝, 郑鹏洲. 可靠性设计与分析 ［M］. 北京：国防工业出版社, 1995.

［106］杨晓莉. 混合多属性决策理论方法与应用研究 ［D］. 武汉：华中师范大学, 2007.

［107］OPRIEOVOE S, TZENG G H. Compromise solution by MCDM methods：a comparative analysis of VIKOR and TOPSIS ［J］. European journal of operational research, 2004, 156 (2)：445 –455.

［108］YAGER R R. Fusion of multi – agent preference ordering ［J］. Fuzzy sets and systems, 2001, 117 (1)：1 – 12.

［109］桑圣举, 王炬香, 杨阳. 基于模糊多目标决策的供应链合作伙伴选择 ［J］. 组合机床与自动化加工技术, 2007 (4)：101 – 105.

［110］高崎. 炮兵武器系统维修保障及其决策方法研究 ［D］. 南京：南京理工大学, 2006.

［111］王中兴, 徐玲. 多属性决策中一种属性权重的确定方法 ［J］. 统计与决策, 2007 (5)：140 – 141.

［112］周芳. 一种基于代理的模糊多目标决策方法 ［J］. 咸宁学院学报, 2004, 24 (3)：12 –16.

［113］宁芊. 机电一体化产品虚拟样机协同建模与仿真技术研究 ［D］. 成都：四川大学, 2006.

［114］夏明长, 江雨燕, 李洁. 复杂产品协同仿真与设计技术的研究 ［J］. 计算机技术与发展, 2009, 19 (3)：70 –73.

［115］张涛, 杨小辉, 何丽. 机械系统仿真模型技术的研究 ［J］. 计算机工程与设计, 2009, 30 (19)：4528 – 4531.

［116］万昌江, 谭建荣, 刘振宇. 基于语义的组件化样机建模技术研究

［J］．中国机械工程，2005，16（8）：142－144．

［117］李伯虎，柴旭东，侯宝存，等．一种基于云计算理念的网络化建模与仿真平台——"云仿真平台"［J］．系统仿真学报，2009，21（17）：5292－5299．

［118］李伟．供输弹系统机电液耦合动力学及动作可靠性仿真研究［D］．石家庄：解放军军械工程学院，2010．

［119］郑志峰，王义行，柴邦衡．链传动［M］．北京：机械工业出版社，1984．

［120］殷玉枫，杨建伟，吉晓梅．基于 Matlab 的链传动寿命计算及仿真［J］．中国机械工程，2005，16（5）：399－402．

［121］蒲明辉，宁际恒，刘玉婷，等．基于 MSC. ADAMS 的链传动建模与仿真研究［J］．广西大学学报（自然科学版），2007，32（1）：60－64．

［122］孟繁忠，赵富，路宝明．摩托车正时链和传动链磨损特性的研究［J］．摩擦学学报，2000，20（2）：106－109．

［123］夏玮，李朝辉，常春藤．MATLAB 控制系统仿真与实例详解［M］．北京：人民邮电出版社，2008．

［124］李永堂，雷步芳．液压系统建模与仿真［M］．北京：冶金工业出版社，2003．

［125］吴大林，马吉胜，李伟．基于虚拟样机的仿真系统校核、验证与确认研究［J］．计算机仿真，2006，23（7）：69－72．

［126］唐见兵，黄晓慧，焦鹏，等．系统仿真置信度研究中的若干问题与准则［J］．国防科技大学学报，2009，31（3）：122－127．

［127］LAW A M. 仿真建模与分析［M］．北京：清华大学出版社，2009．

［128］FERNANDEZ A，BEDIAGA I，GASTON A，et al. Evaluation study on detection techniques for bearing incipient faults［C］//EUROCON 2005 - The International Conference on "Computer as a Tool"，2009：

1566 – 1569.

［129］SHI D F, WANG W J, QU L S. Defect detection for bearings using envelope spectra of wavelet transform ［J］. Journal of vibration and acoustics, 2004, 126（4）: 567 – 573.

［130］NAHVI H, ESFAHANIAN M. Fault identification in rotating machinery using artificial neural networks ［J］. Journal of mechanical engineering science, 2005, 219（2）: 141 – 158.

［131］JOHNSON S B. Introduction to system health engineering and management in aerospace ［C］//First International Forum on Integrated System Health Engineering and Management In Aerospace. Napa, California, USA, 2005.

［132］傅云. 复杂产品数字样机多性能耦合分析与仿真的若干关键技术研究及其应用 ［D］. 杭州: 浙江大学, 2008.

［133］ABRAMOVICI M, MENON P R. A practical approach to fault simulation and test generation for bridging faults ［J］. IEEE transactions on computers, 1985, c – 34（7）: 658 – 663.

［134］MARCOS A, DE ZAIACOMO G, PENIN L F. Simulation – based fault analysis methodology for aerospace vehicles ［C］//AIAA Guidance, Navigation and Control Conference and Exhibit. Hawaii, 2008: 1 – 15.

［135］NORMAN P J, GALLOWAY S J, MCDONALD J R. Simulating electrical faults within future aircraft networks ［J］. IEEE transactions on aerospace and electronic systems, 2008, 44（1）: 99 – 110.

［136］夏勇军. 水轮发电机定子内部故障仿真计算研究进展 ［J］. 水电自动化与大坝监测, 2009, 32（4）: 39 – 43.

［137］刘荣娥, 胡树山. 基于虚拟样机的齿式联轴器不对中故障仿真 ［J］. 风机技术, 2009（2）: 49 – 52.

［138］DRESIG H, SCHREIBER U, RODIONOW P. Stability analysis and simulation of the vibration behavior of worm gears in drive systems [C]//Proceedings of ICMEM 2007. Wuxi, China, 2007.

[139] 樊忠泽, 黄敏超. 空间推进系统工作过程故障仿真 [J]. 国防科技大学学报, 2008, 30 (2): 11-15.

[140] 李伟, 马吉胜, 狄长春, 等. 液压式输弹机输弹故障仿真研究 [J]. 系统仿真学报, 2007, 19 (10): 2226-2228.

[141] 陈曦. 复杂产品虚拟样机技术及其应用研究 [D]. 南京: 南京理工大学, 2005.

[142] GAUSEMEIER J, SHEN Q, BAUCH J, et al. A cooperative virtual prototyping system for mechatronic solution elements based assembly [J]. Advanced engineering informatics, 2005, 19 (2): 169-177.

[143] BENSO A, PRINETTO P. Fault injection techniques and tools for embedded systems reliability evaluation [M]. Boston: Kluwer Academic Publishers, 2003.

[144] 李天梅, 邱静, 刘冠军. 测试性模拟故障注入试验中的故障模型研究 [J]. 中国机械工程, 2009, 20 (16): 1923-1927.

[145] 范志峰, 齐杏林, 雷彬, 等. 可靠性强化试验及其在引信中的应用 [J]. 探测与控制学报, 2008, 6 (6): 36-38.

[146] 陈文华, 武海军, 潘骏, 等. 小型潜水电泵可靠性强化试验方法的研究 [J]. 中国机械工程, 2008, 19 (13): 1606-1609.

[147] 杨艳峰. 炮闩系统可靠性强化试验技术仿真研究 [D]. 石家庄: 解放军军械工程学院, 2011.

[148] 张根保, 许智, 何文辉, 等. 加工中心数控转台可靠性强化试验方法研究 [J]. 中国机械工程, 2011, 22 (8): 948-951.

[149] 钟群鹏, 田永江. 失效分析基础 [M]. 北京: 机械工业出版社, 1988.

[150] 温熙森, 陈循, 张春华, 等. 可靠性强化试验理论与应用 [M].

北京：科学出版社，2007.

[151] 钟华. 潜水电泵可靠性强化试验与统计分析的研究 [D]. 杭州：浙江大学，2006.

[152] 李舜酩. 机械疲劳与可靠性设计 [M]. 北京：科学出版社，2006.

[153] 徐灏，邱宣怀，蔡春源，等. 机械设计手册 [M]. 北京：机械工业出版社，1992.

[154] 熊俊江. 飞行器结构疲劳与寿命设计 [M]. 北京：北京航空航天大学出版社，2004.

[155] 石来德. 机械的有限寿命设计和试验 [M]. 上海：同济大学出版社，1990.

[156] 温诗铸，黄平. 摩擦学原理 [M]. 北京：清华大学出版社，2008.

[157] 张永振，等. 材料的干摩擦学 [M]. 北京：科学出版社，2007.

[158] GRZESIK W, ZALISZ Z, NIESLONY P. Friction and abrasion testing of multiplayer coatings on carbide substrates for dry machining applications [J]. Surface and coating technology, 2002, 155 (1): 37 –45.